智能制造应用型人才培养系列教程

|工|业|机|器|人|技|术|

工业机器人离线编程与仿真
（FANUC 机器人）

张明文 ◆ 主编

王伟 顾三鸿 ◆ 副主编　　霰学会 ◆ 主审

微课附视频

人民邮电出版社
北京

图书在版编目（CIP）数据

工业机器人离线编程与仿真：FANUC机器人／张明文主编. -- 北京：人民邮电出版社，2020.1（2022.8重印）
智能制造应用型人才培养系列教程. 工业机器人技术
ISBN 978-7-115-51864-4

Ⅰ.①工… Ⅱ.①张… Ⅲ.①工业机器人－程序设计－教材②工业机器人－计算机仿真－教材 Ⅳ.①TP242.2

中国版本图书馆CIP数据核字(2019)第179385号

内 容 提 要

本书基于ROBOGUIDE软件，从工业机器人的实际应用出发，由易到难，展现了工业机器人虚拟仿真技术在多个领域内的应用。全书共8章，分别为绪论、ROBOGUIDE认知、基础实训仿真、激光雕刻实训仿真、输送带搬运实训仿真、码垛搬运实训仿真、伺服定位控制实训仿真、离线程序导出运行与验证。通过学习本书，读者可对工业机器人虚拟仿真应用有一个清晰全面的认识。

本书图文并茂，通俗易懂，具有较强的实用性和可操作性，既可作为高等院校和职业院校工业机器人技术专业的教材，也可作为工业机器人培训机构用书，还可供相关行业的技术人员参考。

◆ 主　　编　张明文
　 副 主 编　王　伟　顾三鸿
　 主　　审　霰学会
　 责任编辑　刘晓东
　 责任印制　马振武

◆ 人民邮电出版社出版发行　北京市丰台区成寿寺路11号
　 邮编　100164　电子邮件　315@ptpress.com.cn
　 网址　http://www.ptpress.com.cn
　 固安县铭成印刷有限公司印刷

◆ 开本：787×1092　1/16
　 印张：14.25　　　2020年1月第1版
　 字数：263千字　　2022年8月河北第4次印刷

定价：46.00元

读者服务热线：(010)81055256　印装质量热线：(010)81055316
反盗版热线：(010)81055315
广告经营许可证：京东市监广登字20170147号

编 审 委 员 会

名誉主任 蔡鹤皋
主　　任 韩杰才　李瑞峰　付宜利
副 主 任 于振中　张明文
委　　员 （按姓氏笔画为序排列）

王　伟　王　艳　王东兴　王伟夏　王璐欢
开　伟　尹　政　卢　昊　包春红　宁　金
华成宇　刘馨芳　齐建家　孙锦全　李　闻
杨润贤　吴战国　吴冠伟　何定阳　张广才
陈　霞　陈欢伟　陈健健　邰文涛　郑宇琛
封佳诚　姚立波　夏　秋　顾三鸿　顾德仁
殷召宝　高文婷　高春能　董　璐　韩国震
喻　杰　赫英强　滕　武　霰学会

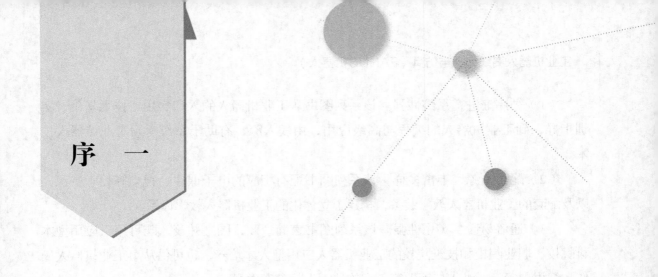

序 一

　　现阶段，我国制造业面临资源短缺、劳动成本上升、人口红利减少等压力，而工业机器人的应用与推广，将极大地提高生产效率和产品质量，降低生产成本和资源消耗，有效地提高我国工业制造竞争力。我国《机器人产业发展规划（2016—2020年）》强调，机器人是先进制造业的关键支撑装备和未来生活方式的重要切入点。广泛采用工业机器人，对促进我国先进制造业的崛起，有着十分重要的意义。"机器换人，人用机器"的新型制造方式有效推进了工业转型升级。

　　工业机器人作为集众多先进技术于一体的现代制造业装备，自诞生至今已经取得了长足进步。当前，新科技革命和产业变革正在兴起，全球工业竞争格局面临重塑，世界各国紧抓历史机遇，纷纷出台了一系列国家战略：美国的"再工业化"战略、德国的"工业4.0"计划、欧盟的"2020增长"战略等。伴随机器人技术的快速发展，工业机器人已成为柔性制造系统（FMS）、自动化工厂（FA）、计算机集成制造系统（CIMS）等先进制造业的关键支撑装备。

　　随着工业化和信息化的快速推进，我国工业机器人市场已进入高速发展时期。国际机器人联合会（IFR）统计显示，截至2016年，我国已成为全球最大的工业机器人市场。未来几年，我国工业机器人市场仍将保持高速的增长态势。然而，现阶段我国机器人技术人才匮乏，与巨大的市场需求严重不协调。从国家战略层面而言，推进智能制造的产业化发展，工业机器人技术人才的培养首当其冲。

　　目前，许多应用型本科院校、职业院校和技工院校纷纷开设工业机器人相关专业，但普遍存在师资力量缺乏、配套教材资源不完善、工业机器人实训装备不系统、技能考核体系不完善等问题，导致无法培养出企业需要的专业机器人技术人才，严重制约了我国机器人技术的推广和智能制造业的发展。江苏哈工海渡教育科技集团有限公司依托哈尔滨工业大学，顺应形势需要，将产、学、研、用相结合，组织企业专家和一线科研人员开展了一系列企业调研，面向企业需求，联合高校教师共同编写了该系列图书。

　　该系列图书具有以下特点。

（1）循序渐进，系统性强。该系列图书从工业机器人的入门实用、技术基础、实训指导，到工业机器人的编程与高级应用，由浅入深，有助于系统学习工业机器人技术。

（2）配套资源，丰富多样。该系列图书配有相应的电子课件、视频等教学资源，以及配套的工业机器人教学装备，构建了立体化的工业机器人教学体系。

（3）通俗易懂，实用性强。该系列图书言简意赅，图文并茂，既可用于应用型本科院校、职业院校和技工院校的工业机器人应用型人才培养，也可供从事工业机器人操作、编程、运行、维护与管理等工作的技术人员参考学习。

（4）覆盖面广，应用广泛。该系列图书介绍了国内外主流品牌机器人的编程、应用等相关内容，顺应国内机器人产业人才发展需要，符合制造业人才发展规划。

该系列图书结合实际应用，教、学、用有机结合，有助于读者系统学习工业机器人技术和强化、提高实践能力。该系列图书的出版发行，必将提高我国工业机器人专业的教学效果，全面促进我国工业机器人技术人才的培养和发展，大力推进我国智能制造产业变革。

中国工程院院士 蔡鹤皋

2017年6月于哈尔滨工业大学

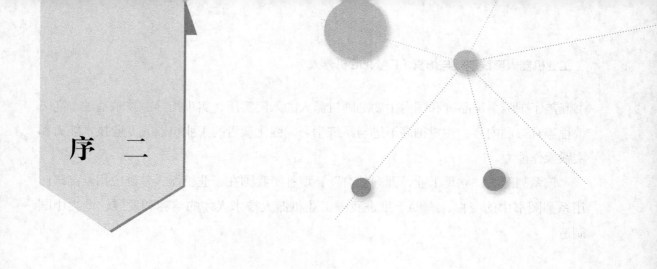

序 二

　　机器人技术自出现至今短短几十年中,其发展取得长足进步,伴随产业变革的兴起和全球工业竞争格局的全面重塑,机器人产业发展越来越受到世界各国的高度关注,主要经济体纷纷将发展机器人产业上升为国家战略,提出"以先进制造业为重点战略,以'机器人'为核心发展方向",并将此作为保持和重获制造业竞争优势的重要手段。

　　工业机器人是目前技术发展最成熟且应用最广泛的一类机器人。工业机器人现已广泛应用于汽车及零部件制造、电子、机械加工、模具生产等行业以实现自动化生产线,并参与焊接、装配、搬运、打磨、抛光、注塑等生产制造过程。工业机器人的应用,既保证了产品质量,提高了生产效率,又避免了大量工伤事故,有效推动了企业和社会生产力发展。作为先进制造业的关键支撑装备,工业机器人影响着人类生活和经济发展的方方面面,已成为衡量一个国家科技创新和高端制造业水平的重要标志。

　　当前,随着劳动力成本上涨、人口红利逐渐消失,生产方式向柔性、智能、精细转变,我国制造业转型升级迫在眉睫。全球新一轮科技革命和产业变革与我国制造业转型升级形成历史性交汇,我国已经成为全球最大的机器人市场。大力发展工业机器人产业,对于打造我国制造业新优势、推动工业转型升级、加快制造强国建设、改善人民生活水平具有深远意义。

　　我国工业机器人产业迎来爆发性的发展机遇,然而,现阶段我国工业机器人领域人才储备严重不足,对企业而言,从工业机器人的基础操作维护人员到高端技术人才普遍存在巨大缺口,缺乏经过系统培训、能熟练安全应用工业机器人的专业人才。现代工业是立国的基础,需要有与时俱进的职业教育和人才培养配套资源。

　　该系列图书由江苏哈工海渡教育科技集团有限公司联合众多高校和企业共同编写完成。该系列图书依托于哈尔滨工业大学的先进机器人研究技术,结合企业实际用人需求,充分贯彻了现代应用型人才培养"淡化理论,技能培养,重在运用"的指导思想。该系列图书既可作为应用型本科院校、职业院校工业机器人技术或机器人工程专业的教材,也可作为机电一体化、自动化专业开设工业机器人相关课程的教学用书;该系列图书涵盖了国际主流品牌和国内主要品牌机器人的入门实用、实训指导、技术基础、高级编程等几方面内容，注重循序渐进与系统学习，强化读者的工业机器人专业技术能力和实践操作能力。

该系列图书"立足工业，面向教育"，填补了我国在工业机器人基础应用及高级应用系列图书中的空白，有助于推进我国工业机器人技术人才的培养和发展，助力中国制造。

中国科学院院士 韩杰才

2017年6月

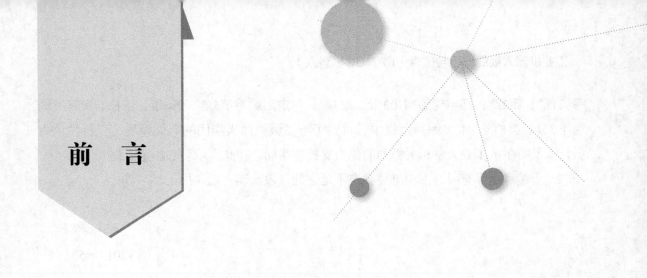

前言

  机器人是先进制造业的重要支撑装备,也是未来智能制造业的关键切入点,工业机器人作为机器人家族中的重要一员,是目前技术成熟、应用广泛的一类机器人。工业机器人的研发和产业化应用是衡量科技创新和高端制造发展水平的重要标志之一。目前,工业机器人自动化生产线被大量使用在汽车、电子电器、工程机械等众多行业,工业机器人的使用在保证产品质量的同时,改善了工作环境,提高了社会生产效率,有力推动了企业和社会生产力发展。

  当前,随着我国劳动力成本上涨,人口红利逐渐消失,生产方式向柔性、智能、精细转变,构建新型智能制造体系迫在眉睫,对工业机器人的需求呈现大幅增长。大力发展工业机器人产业,对于打造我国制造业新优势,推动工业转型升级,加快制造强国建设,改善人民生活水平具有深远意义。

  本书基于ROBOGUIDE软件,结合工业机器人仿真系统和哈工海渡机器人学院的工业机器人技能考核实训台,遵循"由简入繁,软硬结合,循序渐进"的原则编写而成。本书依据学生的学习需要,科学设置知识点,结合实训台典型案例进行讲解,倡导实用性教学,有助于激发学习兴趣,提高教学效率,便于学生在短时间内全面、系统地了解工业机器人操作的常识。每个实训部分都对工作站虚拟仿真及调试的过程进行了详细介绍,便于读者使用。

  工业机器人技术专业具有知识面广、实操性强等显著特点。为了提高教学效果,在教学方法上,建议采用启发式教学方式,引导学生进行开放性学习,组织实操演练和小组讨论;在教学过程中,建议结合本书配套的教学辅助资源,如工业机器人仿真软件、工业机器人实训台、教学课件及视频素材、教学参考与拓展资料等。以上数字教学资源可通过书末所附方法获取。

  本书由哈工海渡机器人学院的张明文任主编,王伟、顾三鸿任副主编,由霰学会主审,参加编写的还有何定阳、郑宇琛。全书由张明文统稿,具体编写分工如下:张明文编写第1章、第2章；郑宇琛编写第3章、第4章；何定阳编写第5章、第6章；王伟、顾三鸿编写第7章、第8章。本书编写过程中，得到了哈工大机器人集团的有关领导、工程技术人员，以及哈尔滨工业大学相关教师的鼎力支持与帮助，在此表示衷心的感谢！

由于编者水平有限，书中难免存在不足之处，敬请读者批评指正。

编　者
2019年5月

目　录

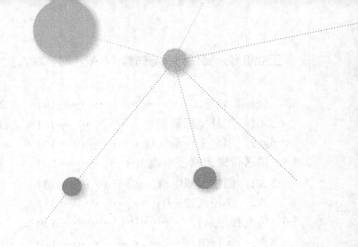

第1章　绪　论 …………………… 1
1.1　工业机器人离线编程与仿真基本概念 … 1
1.2　工业机器人离线编程与仿真软件 …… 2
1.3　工业机器人离线编程应用领域 ……… 6
本章习题 …………………………………… 8

第2章　ROBOGUIDE 认知 ……… 9
2.1　ROBOGUIDE软件 ………………… 10
　　2.1.1　ROBOGUIDE软件主要功能 … 10
　　2.1.2　ROBOGUIDE软件的模型属性 … 11
2.2　ROBOGUIDE软件安装 …………… 12
2.3　ROBOGUIDE软件界面 …………… 17
　　2.3.1　软件操作界面 ……………… 17
　　2.3.2　机器人属性界面 …………… 20
2.4　ROBOGUIDE软件基本操作和
　　　虚拟示教器 ………………………… 21
　　2.4.1　ROBOGUIDE软件基本操作 … 21
　　2.4.2　虚拟示教器 ………………… 23
2.5　ROBOGUIDE软件仿真项目实施流程 … 25
本章习题 …………………………………… 26

第3章　基础实训仿真 …………… 27
3.1　路径规划 …………………………… 28
3.2　基础实训工作站搭建 ……………… 28
　　3.2.1　创建新工作站 ……………… 28
　　3.2.2　实训台导入 ………………… 32
　　3.2.3　机器人本体安装 …………… 35
　　3.2.4　工具导入及安装 …………… 37

3.3　基础实训模块导入及安装 ………… 40
3.4　坐标系创建 ………………………… 42
　　3.4.1　创建工具坐标系 …………… 42
　　3.4.2　创建用户坐标系 …………… 53
3.5　基础路径创建 ……………………… 61
3.6　仿真程序运行 ……………………… 69
　　3.6.1　运行仿真 …………………… 69
　　3.6.2　录制视频 …………………… 71
　　3.6.3　保存工作站 ………………… 73
本章习题 …………………………………… 74

第4章　激光雕刻实训仿真 ……… 75
4.1　路径规划 …………………………… 75
4.2　激光雕刻模块导入及安装 ………… 75
4.3　坐标系创建 ………………………… 81
　　4.3.1　调整机器人姿态 …………… 81
　　4.3.2　创建用户坐标系 …………… 84
4.4　激光雕刻路径创建 ………………… 85
4.5　仿真程序运行 ……………………… 90
　　4.5.1　运行仿真 …………………… 90
　　4.5.2　录制视频 …………………… 92
　　4.5.3　保存工作站 ………………… 94
本章习题 …………………………………… 94

第5章　输送带搬运实训仿真 …… 95
5.1　路径规划 …………………………… 95
5.2　搬运工件导入 ……………………… 96
5.3　异步输送带模块导入与安装 ……… 99

5.4 坐标系创建 ┈┈┈┈┈┈┈┈┈┈ 101
 5.4.1 工具坐标系创建 ┈┈┈┈ 101
 5.4.2 用户坐标系创建 ┈┈┈┈ 105
5.5 输送带搬运路径创建 ┈┈┈┈ 107
 5.5.1 创建虚拟电机 ┈┈┈┈┈ 107
 5.5.2 路径创建 ┈┈┈┈┈┈┈┈ 112
5.6 仿真程序运行 ┈┈┈┈┈┈┈┈ 120
 5.6.1 运行仿真 ┈┈┈┈┈┈┈┈ 120
 5.6.2 录制视频 ┈┈┈┈┈┈┈┈ 122
 5.6.3 保存工作站 ┈┈┈┈┈┈ 124
本章习题 ┈┈┈┈┈┈┈┈┈┈┈┈┈ 124

第6章 码垛搬运实训仿真 ┈┈ 125

6.1 路径规划 ┈┈┈┈┈┈┈┈┈┈ 125
6.2 搬运模块导入及安装 ┈┈┈┈ 126
6.3 坐标系创建 ┈┈┈┈┈┈┈┈┈ 129
6.4 码垛搬运路径创建 ┈┈┈┈┈ 130
 6.4.1 搬运工件放置 ┈┈┈┈┈ 130
 6.4.2 仿真设置 ┈┈┈┈┈┈┈┈ 133
 6.4.3 创建仿真程序 ┈┈┈┈┈ 134
 6.4.4 位置寄存器的使用 ┈┈ 137
 6.4.5 创建TP程序 ┈┈┈┈┈┈ 140
6.5 仿真程序运行 ┈┈┈┈┈┈┈┈ 147
 6.5.1 运行仿真 ┈┈┈┈┈┈┈┈ 147
 6.5.2 录制视频 ┈┈┈┈┈┈┈┈ 148
 6.5.3 保存工作站 ┈┈┈┈┈┈ 150
本章习题 ┈┈┈┈┈┈┈┈┈┈┈┈┈ 151

第7章 伺服定位控制实训仿真 ┈ 152

7.1 路径规划 ┈┈┈┈┈┈┈┈┈┈ 153

7.2 伺服转盘模块导入及安装 ┈ 153
7.3 动态转盘创建 ┈┈┈┈┈┈┈┈ 157
 7.3.1 导入搬运工件 ┈┈┈┈┈ 157
 7.3.2 添加变位机控制软件 ┈ 159
 7.3.3 变位机系统参数设定 ┈ 163
 7.3.4 创建动态转盘 ┈┈┈┈┈ 173
 7.3.5 仿真设置 ┈┈┈┈┈┈┈┈ 177
7.4 码垛模块仿真设置 ┈┈┈┈┈ 179
 7.4.1 码垛物料放置 ┈┈┈┈┈ 179
 7.4.2 仿真设置 ┈┈┈┈┈┈┈┈ 181
7.5 仿真程序编写 ┈┈┈┈┈┈┈┈ 183
 7.5.1 创建仿真程序 ┈┈┈┈┈ 183
 7.5.2 创建TP程序 ┈┈┈┈┈┈ 186
7.6 仿真程序运行 ┈┈┈┈┈┈┈┈ 195
 7.6.1 运行仿真 ┈┈┈┈┈┈┈┈ 195
 7.6.2 录制视频 ┈┈┈┈┈┈┈┈ 197
 7.6.3 保存工作站 ┈┈┈┈┈┈ 199
本章习题 ┈┈┈┈┈┈┈┈┈┈┈┈┈ 200

第8章 离线程序导出运行与验证 ┈ 201

8.1 创建校准程序 ┈┈┈┈┈┈┈┈ 201
8.2 备份校准程序 ┈┈┈┈┈┈┈┈ 204
8.3 导入校准程序 ┈┈┈┈┈┈┈┈ 207
8.4 验证校准程序 ┈┈┈┈┈┈┈┈ 210
本章习题 ┈┈┈┈┈┈┈┈┈┈┈┈┈ 213

参考文献 ┈┈┈┈┈┈┈┈┈┈┈┈ 214

第1章 绪 论

本章主要介绍工业机器人离线编程与仿真的概念及优势、工业机器人离线编程与仿真的软件分类和应用领域等知识，使读者对工业机器人离线编程与仿真有一个初步的认知。工业机器人离线编程与仿真软件界面如图1-1所示。

通过本章的学习，读者将掌握以下内容。

- 工业机器人离线编程与仿真基本概念
- 工业机器人离线编程与仿真软件
- 工业机器人离线编程应用领域

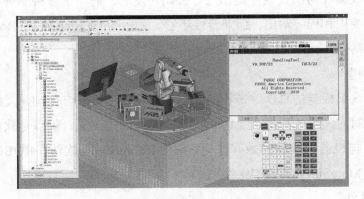

图1-1 工业机器人离线编程与仿真软件

1.1 工业机器人离线编程与仿真基本概念

工业机器人离线编程与仿真是指操作人员在编程软件里构建整个机器人系统工作应用场景的三维虚拟环境。然后操作人员首先根据加工工艺、生产节拍等相关要求，进行一系列控制和操作，自动生成机器人的运动轨迹，即控制指令；其次在软件中仿真与调整轨迹；最后生成机器人执行程序传输给机器人控制系统。

微课视频

工业机器人离线编程概念

工业机器人离线编程与仿真具有以下几种优势。

①减少机器人停机的时间，当对下一个任务进行编程时，机器人仍可在生产线上工作。

②使编程人员远离危险的工作环境，改善了编程环境。

③使用范围广，可以对各种机器人进行编程，并且可以方便地优化程序。

④可以预知将要发生的问题，及时解决问题，减少损失。

⑤可以对复杂的任务进行编程，能够基于CAD模型中的几何特征（关键点、轮廓线、平面、曲面等）自动生成轨迹。

⑥可以直观地观察工业机器人的工作过程，判断超程、碰撞、奇异点、超工作空间等操作错误。

1.2　工业机器人离线编程与仿真软件

1. 分类

目前，工业机器人离线编程与仿真软件可分为两类：通用型与专用型。

（1）通用型

通用型离线编程与仿真软件是第三方公司开发的，适用于多种品牌机器人，能够实现仿真、轨迹编程和程序输出，但兼容性不够，如RobotMaster软件、RobotWorks软件、ROBCAD软件等。

（2）专用型

专用型离线编程与仿真软件是机器人厂商或其委托第三方公司开发的。它的缺点是只能适用于其对应型号的机器人，即只支持同品牌的机器人；优点是软件功能更强大、实用性更强，与机器人本体的兼容性更好，如RobotStudio软件、ROBOGUIDE软件、Sim Pro软件、MotoSim EG-VRC软件等。

2. 常用软件

（1）RobotMaster软件

RobotMaster软件几乎支持市场上绝大多数机器人品牌（FANUC、ABB、KUKA、COMAU、Panasonic、三菱等），是目前国外顶尖的离线编程与仿真软件。RobotMaster软件界面如图1-2所示。主要功能包括：在MasterCAM软件中无缝集成了机器人编程、仿真和代码生成功能，提高了机器人的编程速度。但是暂不支持多台机器人同时模拟仿真。

第1章 绪 论

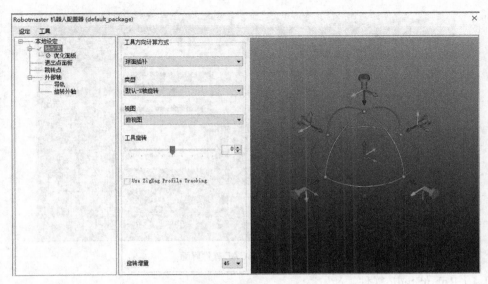

图1-2 RobotMaster软件界面

（2）RobotWorks软件

RobotWorks软件是基于SolidWorks软件进行二次开发的一款离线编程与仿真软件，软件界面如图1-3所示。主要功能包括：拥有全面的数据接口、强大的编程能力与工业机器人数据库、较强的仿真模拟能力和开放的自定义库，支持多种机器人和外部轴应用。SolidWorks软件不具备CAM功能，因此编程过程比较烦琐。

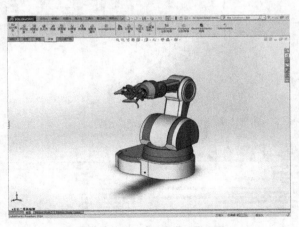

图1-3 RobotWorks软件界面

（3）ROBCAD软件

ROBCAD软件支持离线点焊、多台机器人仿真、非机器人运动机构仿真及精确的节拍仿真。软件界面如图1-4所示。它主要应用于产品生命周期中的概念设计和结构设计两个前期阶段；可与主流的CAD软件进行无缝集成，达到工具、工装、机器人和操作人员的三维可视化，从而实现制造单元、测试以及编程与仿真。

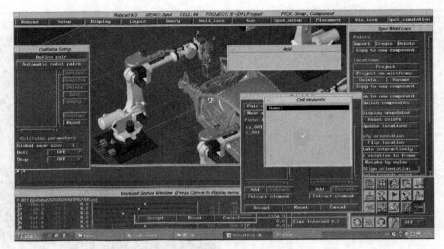

图1-4 ROBCAD软件界面

（4）RobotStudio软件

RobotStudio软件是一款PC应用程序，用于机器人单元的建模、离线编程与仿真。软件界面如图1-5所示。RobotStudio软件允许用户使用离线控制器和真实的物理控制器。当RobotStudio软件随真实的物理控制器一起使用时，称它处于在线模式。在未连接到真实的物理控制器或在连接到虚拟控制器的情况下使用时，称它处于离线模式。

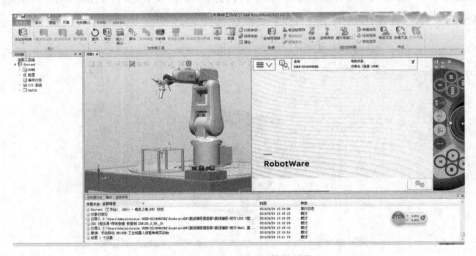

图1-5 RobotStudio软件界面

（5）ROBOGUIDE软件

ROBOGUIDE软件是FANUC机器人公司提供的一款离线编程与仿真软件。软件界面如图1-6所示。它可以进行机器人系统方案的布局设计，并通过其中的TP示教，进一步模拟系统的运动轨迹；还可以进行机器人干涉性、可达性分析和系统的节拍估算，能够自动生成机器人的离线程序，进行机器人故障的诊断和程序的优化等。

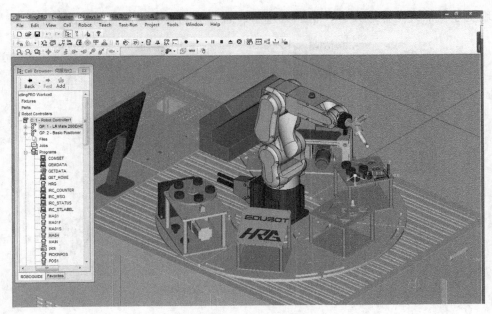

图1-6 ROBOGUIDE软件界面

(6) Sim Pro软件

Sim Pro软件是KUKA公司针对KUKA机器人开发的专用仿真软件。软件界面如图1-7所示。它可以优化设备和机器人的使用情况,获得更大的灵活度和更高的生产率;也可以用于KUKA机器人的完全离线编程,以及分析节拍时间并生成KUKA机器人程序;还可以用来实时连接虚拟的KUKA机器人控制系统。

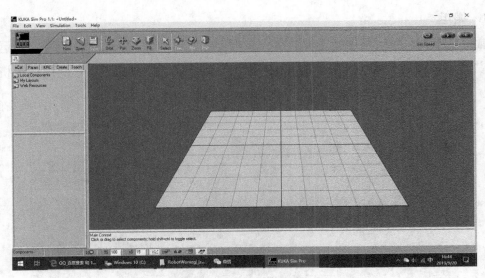

图1-7 Sim Pro软件界面

(7) MotoSim EG-VRC软件

MotoSim EG-VRC软件是一款专用于YASKAWA机器人的离线编程与仿真软件,可以实现工业机器人工作站设计、机器人选型、碰撞检测等。软件界面如图1-8所示。

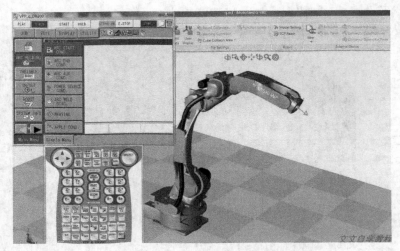

图1-8 MotoSimEG-VRC软件界面

1.3 工业机器人离线编程应用领域

工业机器人离线编程技术广泛地应用在工业的各个环节，对企业提高开发效率、加强数据采集、减少决策失误、降低企业风险等起到了重要的作用。工业机器人离线编程技术发展至今，已经可以通过虚拟仿真实现自动化领域内的多种复杂作业，如搬运、焊接、喷涂、码垛、打磨等。

1. 搬运

搬运是指用一种设备握持工件，从一个加工位置移动到另一个加工位置。搬运机器人可安装不同的末端执行器以完成各种不同形状和状态的工件搬运，广泛应用于机床上下料、自动装配流水线、码垛搬运、集装箱等自动搬运作业，如图1-9所示。

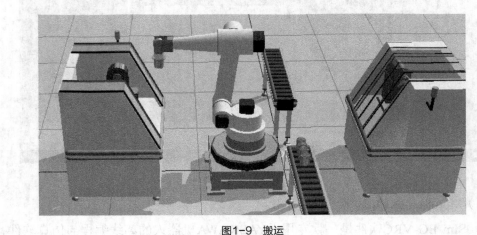

图1-9 搬运

2. 焊接

焊接机器人目前广泛应用于工业领域，如工程机械、汽车制造、电力建设等，焊接机器人能在恶劣的环境下连续工作并能提供稳定的焊接质量，提高工作效率，减轻工人的劳动强度，如图1-10所示。

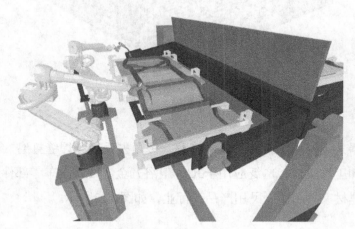

图1-10 焊接

3. 喷涂

喷涂机器人适用于生产量大、产品型号多、表面形状不规则的工件外表涂装，广泛应用于汽车、汽车零配件、铁路、家电、建材和机械等行业，如图1-11所示。

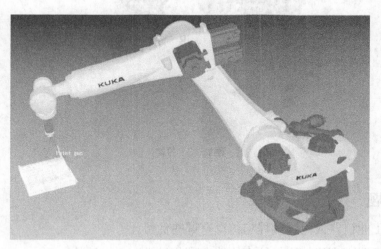

图1-11 喷涂

4. 码垛

码垛机器人可以把相同（或不同）外形尺寸的包装货物，整齐、自动地码成堆；可以将堆叠好的货物拆开；可以按照要求的编组方式和层数，完成对料袋、箱体等各种产品的码垛，如图1-12所示。

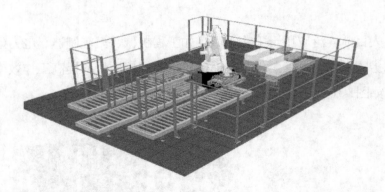

图1-12 码垛

5. 打磨

打磨机器人主要用于工件的表面打磨、棱角去毛刺、焊缝打磨、内腔内孔去毛刺、孔口螺纹口加工等工作；广泛应用于3C、卫浴五金、IT、汽车零部件、工业零件、医疗器械、木材建材家具制造、民用产品等行业，如图1-13所示。

图1-13 打磨

本章习题

1. 简述工业机器人离线编程与仿真有哪些优势。
2. 工业机器人离线编程与仿真软件有哪些种类？
3. 列举工业机器人离线编程的3种应用领域。

第2章 ROBOGUIDE 认知

本章主要介绍ROBOGUIDE软件常用的仿真模块、ROBOGUIDE软件的主要功能、模型属性类别及特点、ROBOGUIDE软件界面以及仿真项目实施流程，使读者初步了解ROBOGUIDE软件的使用方法。ROBOGUIDE软件界面如图2-1所示。

通过本章的学习，读者将掌握以下内容。

- ROBOGUIDE软件主要功能与模型属性
- ROBOGUIDE软件安装
- ROBOGUIDE软件界面
- ROBOGUIDE软件基本操作和虚拟示教器
- ROBOGUIDE软件仿真项目实施流程

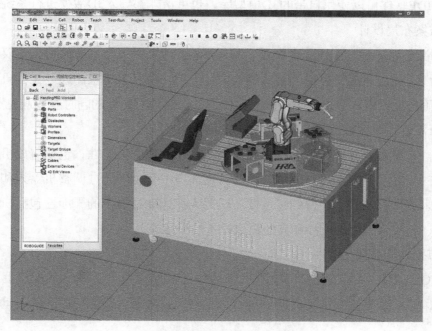

图2-1　ROBOGUIDE软件界面

2.1 ROBOGUIDE软件

ROBOGUIDE是FANUC机器人公司提供的一款仿真软件，其常用的仿真模块有ChamferingPRO、HandingPRO、WeldPRO、PalletPRO和PaintPRO等。使用不同的仿真模块加载的应用软件包不同，实现的功能就不同。

①ChamferingPRO模块用于去毛刺、倒角等工件加工的仿真应用。
②HandingPRO模块用于机床上下料、冲压、装配、注塑机等物料的搬运仿真应用。
③WeldPRO模块用于焊接、激光雕刻等工艺的仿真。
④PalletPRO模块用于各种码垛的仿真应用。
⑤PaintPRO模块用于喷涂的仿真应用。

本书以HandingPRO模块为主，介绍ROBOGUIDE软件相关功能的使用。

2.1.1 ROBOGUIDE软件主要功能

ROBOGUIDE软件主要功能如下。

1. 系统搭建

ROBOGUIDE软件提供一个3D的虚拟空间和便于系统搭建的3D模型库。3D模型库中包含FANUC机器人数模、机器人周边设备的数模以及一些典型工件的数模。ROBOGUIDE软件可以使用自带的3D模型库，也可从外部导入3D数模进行系统搭建。

2. 方案布局设计

系统搭建完成后，需要验证方案布局设计的合理性。一个合理的布局不仅可以有效地避免干涉，而且还能使机器人远离限位位置。ROBOGUIDE软件通过显示机器人的可达范围，确定机器人周边设备摆放的相对位置，在保证可达性的同时有效避免了干涉。

3. 干涉性、可达性分析

在进行方案布局过程中，不仅要确保机器人对工件的可达性，也要避免机器人在运动过程中的干涉性。ROBOGUIDE软件在仿真环境中，可以通过调整机器人和工件间的相对位置来确保机器人对工件的可达性。机器人在运动过程中的干涉性包括机器人与夹具的干涉、与安全围栏的干涉和其他周边设备的干涉等。

4. 节拍计算与优化

ROBOGUIDE软件在仿真环境下可以估算并且优化生产节拍，依据机器人运动速度、工艺因素和外围设备的运行时间进行节拍估算，并通过优化机器人的运动轨迹来提高节拍。

5. 离线编程

对于较为复杂的加工轨迹，ROBOGUIDE软件可以通过自带的离线编程功能自动生成离线程序，然后导入真实的机器人控制柜，大大减少了编程示教人员的现场工作时间，有效提高了工作效率。

2.1.2 ROBOGUIDE软件的模型属性

构建虚拟的工作站场景必须涉及三维模型的使用。将三维模型导入ROBOGUIDE软件中后，将模型放置在工程文件的不同模块中，赋予其不同的属性，从而模拟真实场景中的机器人、工具、工件、工装台和机械装置等。

ROBOGUIDE软件中负责模型的模块分别为EOATs、Fixtures、Machines、Obstacles、Parts等，用以充当不同的角色。

1. EOATs模块

EOATs是工具模块，位于Tooling路径，充当机器人末端执行器的角色。常见的工具模块下的模型包括焊枪、焊钳、夹爪、喷涂枪等。

工具在三维视图中位于机器人的六轴法兰盘上，随着机器人运动。不同的工具可在仿真运行时模拟不同的效果。例如，在运行焊接仿真程序时，焊枪工具可以在尖端产生火花并出现焊缝；在运行搬运仿真程序时，夹爪工具可以模拟真实的开合动作，并抓起目标物体。

2. Fixtures模块

Fixtures模块属于工件辅助模块，在仿真工作中充当工件的载体——工装。工装模块是工件模型的重要载体之一，为工件的加工、搬运等仿真功能的实现提供平台。

3. Machines模块

Machines模块主要服务于外部机械装置，同机器人模型一样可以实现自主运动。Machines模块用于可运动的机械装置上，包括传送带、推送气缸、行走轴等直线运行设备，或者转台、变位机等旋转运行设备。在整个仿真场景中，除了机器人以外的其他所有模型想要实现自主运动，都需要Machines模块。

另外，Machines模块还是工件模型的重要载体之一，为工件的加工、搬运等仿真功能的实现提供平台。

4. Obstacles模块

Obstacles模块是仿真中非必需的辅助模块。此类模块一般用于外围设备模型和装饰性模型，包括焊接设备、电子设备、围栏等。Obstacles本身的模块属性对于仿真并不具备实际的意义，其主要是为了保证虚拟环境和真实场景的布置保持一致，使用户在编程时考虑更全面。

5. Parts模块

Parts模块是离线编程与仿真的核心,在仿真工作站中扮演工件的角色,可用于工件的加工与搬运仿真,并模拟真实的效果。

Parts模块除了用于演示仿真动画以外,最重要的是具有"模型—程序"转化功能。ROBOGUIDE能够获取Parts模块的数模信息,并将其转化成程序轨迹的信息,用于快速编程和复杂轨迹编程。

2.2 ROBOGUIDE软件安装

在安装ROBOGUIDE软件之前,建议关闭计算机系统防火墙及杀毒软件,防止操作系统中的防火墙和杀毒软件因识别错误,造成ROBOGUIDE安装程序的不正常运行。ROBOGUIDE软件对于计算机的配置有一定要求,如果想要达到流畅地运行体验,计算机的配置不能太低。建议的计算机配置见表2-1。

表 2-1 建议的计算机配置

配件	要求
CPU	Inter 酷睿 i5 系列或同级别 AMD 处理器及以上
显卡	NVIDIA GeForce GT650 或同级别 AMD 独立显卡及以上,显存容量在 1 GB 及以上
内存	容量在 4 GB 及以上
硬盘	剩余空间在 20 GB 及以上
显示器	分辨率在 1920 像素 ×1080 像素及以上

安装ROBOGUIDE软件时的注意事项如下。

①应以管理员身份登录。

②停止其他活动应用程序(包括常驻软件,如防病毒软件)。如果防病毒软件有效,安装可能需要很长时间。

③如果遇到安装错误,尝试禁用防病毒软件,然后重试;在安装ROBOGUIDE之前尝试Windows Update。

④安装需要足够的磁盘空闲空间。如果磁盘可用空间不足,则无法安装ROBOGUIDE。

不同版本的ROBOGUIDE仿真软件,其操作界面略有不同。本书使用的软件版本为V8.30,机器人工作台、实训模块、Y型夹具、搬运工件等模型文件均可在工业机器人教育网的社区下载,如图2-2和图2-3所示。

第2章　ROBOGUIDE 认知

- ROBOGUIDE安装包
- HRG-HD1XKA工业机器人技能考核实训台（专业版）.igs
- MA01 基础模块.igs
- MA02 激光雕刻模块.igs
- MA04 搬运模块.igs
- MA05 异步输送带模块.igs
- MA15 伺服转盘模块.igs
- Y型夹具.igs
- 搬运工件.igs

图2-2　工业机器人教育网　　　　　　　　　　图2-3　文件列表

ROBOGUIDE软件安装步骤见表2-2。

表 2-2　ROBOGUIDE 软件安装步骤

序号	图片示例	操作步骤
1		打开 ROBOGUIDE 安装包，解压 fanuc roboguide 压缩包并打开文件夹
2		双击"setup.exe"，进入安装向导

续表

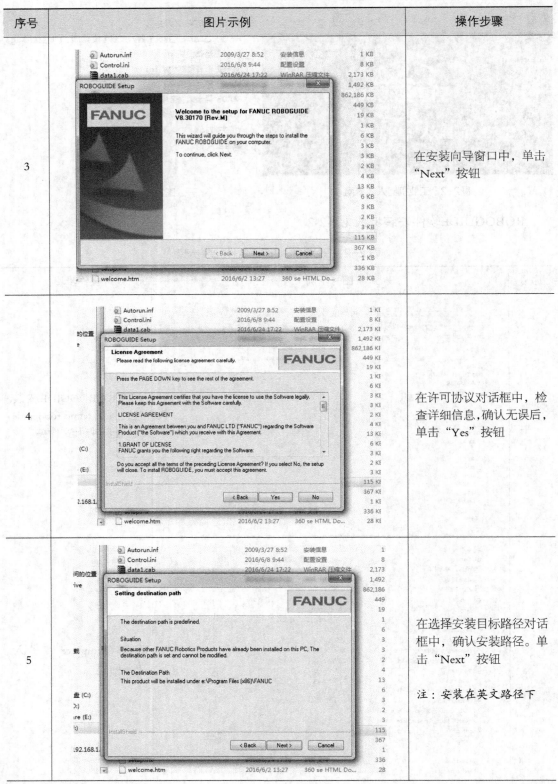

序号	图片示例	操作步骤
3		在安装向导窗口中，单击"Next"按钮
4		在许可协议对话框中，检查详细信息，确认无误后，单击"Yes"按钮
5		在选择安装目标路径对话框中，确认安装路径。单击"Next"按钮 注：安装在英文路径下

第2章　ROBOGUIDE 认知

续表

序号	图片示例	操作步骤
6		在安装插件对话框中，选择要安装的功能，单击"Next"按钮 注：购买不同的软件功能，选项也不相同，如 ChamferingPRO、HandingPRO、PalletPRO TP、WeldPRO 等。本书中选择"HandingPRO"功能
7		选择所需的扩展功能，单击"Next"按钮
8		选择所需创建的桌面快捷方式，单击"Next"按钮

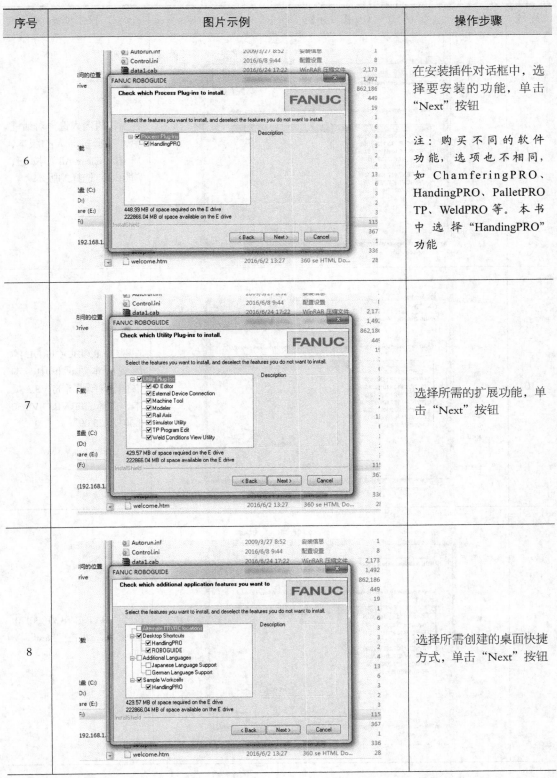

序号	图片示例	操作步骤
9		在虚拟机器人选择对话框中，选择机器人的版本，单击"Clear All"按钮，清除所有选择的版本
10		在选择ROBOGUIDE的历史版本对话框中，本书中选择最新的V8.3版本，选择"FRVRC V8.30 8.30170.23.09"
11		选择"FRVRC V8.30 8.30170.23.09"后，单击"Next"按钮

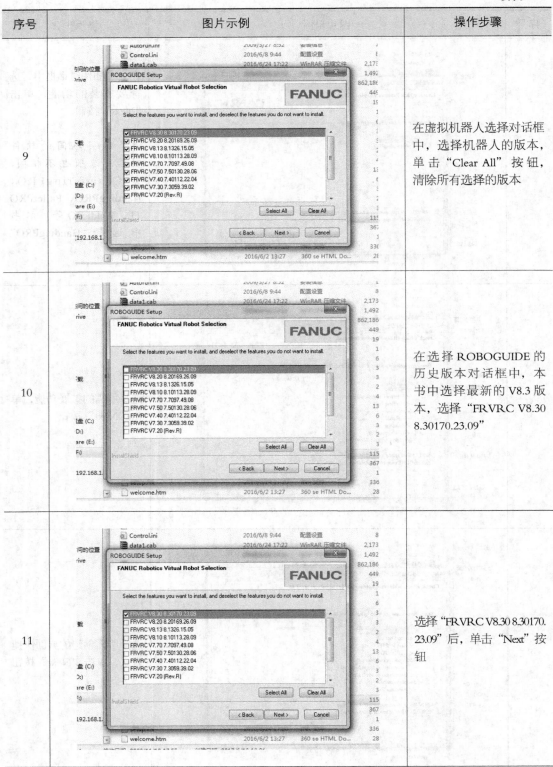

续表

序号	图片示例	操作步骤
12		在配置总览界面确认安装设置是否正确,单击"Next"按钮
13		在安装进度界面,等待安装完成

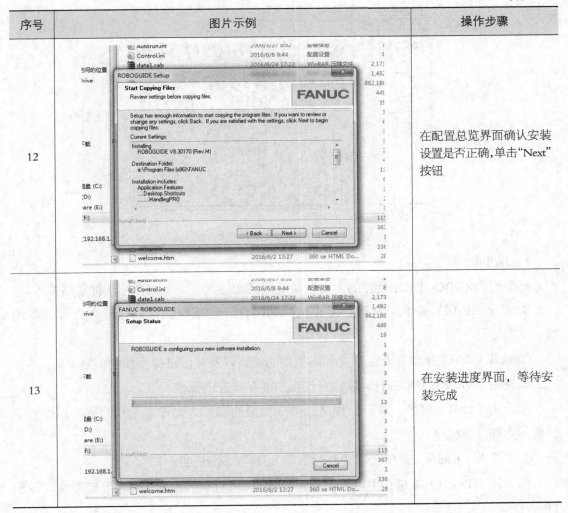

2.3 ROBOGUIDE软件界面

ROBOGUIDE软件围绕一个离线的三维世界进行模拟,在这个三维世界中模拟现实中的机器人和周边设备的布局,通过其中的TP示教,进一步来模拟它的运动轨迹。通过这样的模拟,ROBOGUIDE软件可以验证方案的可行性,同时获得准确的周期时间。

微课视频

ROBOGUIDE
界面介绍

2.3.1 软件操作界面

ROBOGUIDE软件操作界面如图2-4所示,共分为4块区域,分别是菜单栏、工具栏、周边设备添加栏、仿真窗口。

工业机器人离线编程与仿真（FANUC机器人）

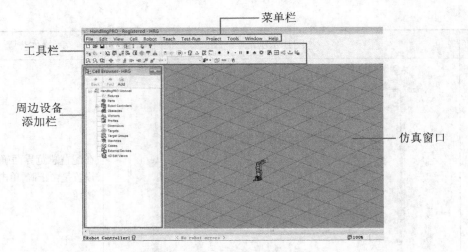

图2-4　ROBOGUIDE软件操作界面

1. 菜单栏

菜单栏为ROBOGUIDE软件的大多数功能提供功能入口。下面介绍几种常用菜单。

①文件（File）菜单：对整个工程文件的操作，如工程文件的保存、打开、备份等。

②编辑（Edit）菜单：对工程文件内模型的编辑以及对已进行操作的恢复。

③视图（View）菜单：针对软件三维窗口显示状态的操作。

④元素（Cell）菜单：对于工程文件内部模型的编辑，如设置工程的界面属性、添加各种外部设备模型和组件。

⑤机器人（Robot）菜单：主要是对机器人及控制系统的操作。

⑥示教（Teach）菜单：主要是对程序的操作，包括创建TP程序、上传程序、导出TP程序等。

2. 工具栏

工具栏窗口有多种应用功能，表2-3中列举了一些常用的基本操作功能。

表2-3　工具栏基本操作功能

序号	分类	图标	功能说明
1	常用操作工具	🔍+	工作环境放大功能
2		🔍-	工作环境缩小功能
3		🔍	工作环境局部放大作用

续表

序号	分类	图标	功能说明
4	常用操作工具		让所选对象的中心在屏幕正中间
5			分别表示俯视图、右视图、左视图、前视图、后视图
6			让所有对象以线框图状态显示
7			显示或隐藏快捷提示窗口
8			测量两个目标位置间的距离和相对位置
9	机器人控制工具		实现世界坐标系、用户坐标系等各坐标系之间的切换
10			控制机器人执行程序时的运动速度
11			手动控制机器人手爪的打开/闭合
12			显示/隐藏机器人工作范围
13			显示 TP 示教器进行编程示教工作
14			显示/隐藏机器人所有程序的报警信息
15	程序运行工具		运行机器人当前程序并录像
16			运行机器人当前程序
17			暂停机器人的运行
18			停止机器人的运行
19			显示/隐藏机器人关节调节工具
20			显示/隐藏运行控制面板

3. 周边设备添加栏

周边设备添加栏将整个工程文件的组成元素，包括控制系统、机器人、组成模型、程序及其他仿真元素，以树状结构图的形式展示出来，相当于工程文件的目录。

4. 仿真窗口

仿真窗口是软件的视图窗口，视图中的内容以3D的形式展现，仿真工作站的搭建在视图窗口中完成。

2.3.2 机器人属性界面

在ROBOGUIDE软件中，属性设置窗口非常重要，其针对不同的应用模块，提供了相应的设置（包含模型的显示状态设置、位置姿态设置、尺寸数据设置、仿真条件设置和运动学设置等）。机器人属性设置主要有机器人名称、机器人工程文件配置修改、机器人模组显示状态设置、机器人位置设置、碰撞检测设置等，如图2-5所示。机器人属性设置功能，见表2-4。

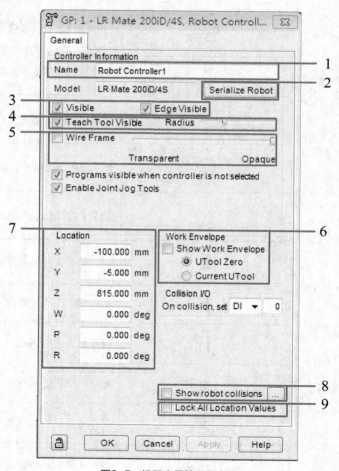

图2-5 机器人属性设置窗口

表 2-4 机器人属性设置功能

序号	名称	功能
1	Name	输入机器人的名称
2	Serialize Robot	修改机器人工程文件的配置
3	Visible	默认处于勾选状态,如果取消勾选,机器人模组将会隐藏
	Edge Visible	默认处于勾选状态,如果取消勾选,机器人模组的轮廓线将会隐藏
4	Teach Tool Visible	默认处于勾选状态,如果取消勾选,机器人的 TCP 将被隐藏
5	Wire Frame	默认不勾选,如果勾选,机器人模组将以线框的样式显示
6	Show Work Envelope	勾选显示机器人 TCP 的运动范围
7	Location	输入数值调整机器人的位置,包括在 x、y、z 轴方向上的平移距离和旋转角度
8	Show robot collisions	勾选会显示碰撞结果
9	Lock All Location Values	勾选将锁定机器人位置数据,机器人不能被移动

2.4 ROBOGUIDE软件基本操作和虚拟示教器

在开始使用ROBOGUIDE软件进行仿真之前,需要熟悉软件的基本使用方法。本节主要介绍ROBOGUIDE软件的基本操作和虚拟示教器的使用方法。

2.4.1 ROBOGUIDE软件基本操作

ROBOGUIDE 软件的基本操作

1. 模型窗口操作

通过鼠标可以对模型窗口进行移动、旋转、放大/缩小等操作。

①移动:按住中键,并拖动。

②旋转:按住右键,并拖动。

③放大缩小:同时按住鼠标左、右键,并前后移动或直接滚动滚轮。

2. 模型位置改变

改变模型的位置有两种常见方法,一种方法是直接修改其坐标参数;另一种方法是用鼠标直接拖曳(首先要单击选中模型,并显示出绿色坐标轴)。

(1) 移动

①将鼠标指针放在某个绿色坐标轴上,指针显示为手形并有坐标轴标号x、y、z,按住左键并拖动,模型将沿此轴方向移动。

②将鼠标指针放在坐标上,按住"Ctrl"键,再按住鼠标左键并拖动,模型将沿任

意方向移动。

（2）旋转

按住"Shift"键，将鼠标指针放在某坐标轴上，按住鼠标左键并拖动，模型将沿此轴旋转。

3. 机器人移动

（1）机器人整体移动

在"周边设备添加栏"中，选择机器人模型"GP:1-LR Mate 200iD/4S"，在仿真窗口中机器人的下方出现直角坐标框架，如图2-6所示。用鼠标拖动坐标系半轴，机器人整体将沿轴方向移动；按住"Shift"键，用鼠标拖动坐标系半轴，机器人整体将沿此轴旋转。

（2）机器人TCP移动

在"周边设备添加栏"中，选择对应的工具，在仿真窗口中机器人当前的TCP位置出现直角坐标框架，如图2-7所示。用鼠标拖动坐标系半轴，机器人TCP将沿轴方向移动；按住"Shift"键，用鼠标拖动坐标系半轴，机器人TCP将沿此轴旋转。

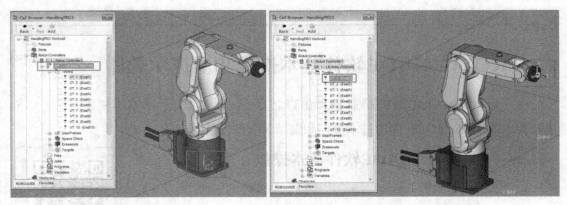

图2-6　机器人整体移动　　　　　　图2-7　机器人TCP移动

（3）快速捕捉工具栏

单击快速捕捉工具栏" "，打开"Move To"快速捕获工具栏，如图2-8所示，可以实现机器人TCP快速运动到目标面、边、点或者圆中心。

①单击" "和模型，机器人TCP移动到模型表面上的点。快捷键是按住"Ctrl+Shift"组合键并单击鼠标。

②单击" "和模型，机器人TCP移动到模型边缘上的点。快捷键是按住"Ctrl+Alt"组合键并单击鼠标。

③单击" "和模型，机器人TCP移动到模型的角点。快捷键是按住"Ctrl+Alt+Shift"组合键并单击鼠标。

④单击" "和模型，机器人TCP移动到模型圆弧特征的圆心。快捷键是按住

"Alt+Shift"组合键并单击鼠标。

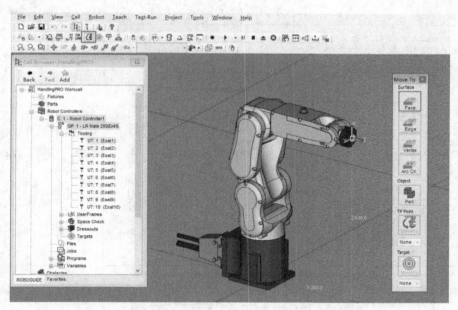

图2-8　打开"Move To"快速捕捉工具栏

2.4.2　虚拟示教器

ROBOGUIDE软件可以通过虚拟示教器对机器人进行示教编程。虚拟示教器的使用方法与真实机器人上的示教器使用方法基本相同，具体可参考《工业机器人入门实用教程（FANUC机器人）》。虚拟示教器的打开方式见表2-5。

表 2-5　虚拟示教器的打开方式

序号	图片示例	操作步骤
1		单击工具栏中" "，打开虚拟示教器

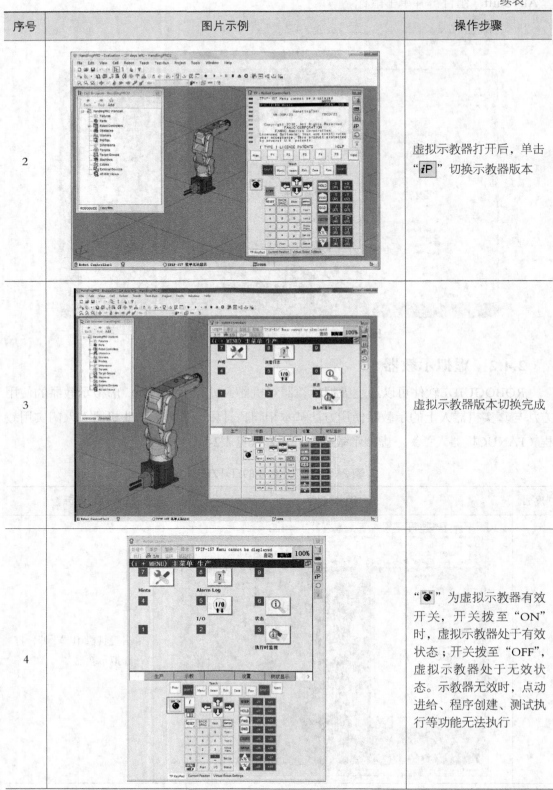

续表

序号	图片示例	操作步骤
5	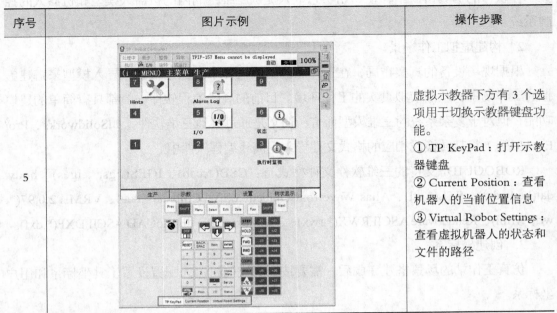	虚拟示教器下方有3个选项用于切换示教器键盘功能。 ① TP KeyPad：打开示教器键盘 ② Current Position：查看机器人的当前位置信息 ③ Virtual Robot Settings：查看虚拟机器人的状态和文件的路径

2.5 ROBOGUIDE软件仿真项目实施流程

ROBOGUIDE软件仿真项目在实施过程中主要有6个环节：创建工作站、构建虚拟工作场景、创建坐标系、模型的仿真设置、创建仿真路径程序和运行仿真程序，其具体实施流程如图2-9所示。

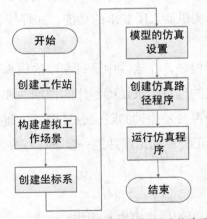

图2-9　ROBOGUIDE软件的项目实施流程

1. 创建工作站

根据真实机器人创建对应的仿真机器人工作站。创建过程中需要选择相应的仿真模块、控制柜及控制系统版本、软件工具包、机器人型号等。工作站会以三维模型的形式显示在软件的仿真窗口中，在初始状态下只提供三维空间内的机器人模型和机器人的控制系统。

2. 构建虚拟工作场景

根据现场设备的真实布局，在工作站的三维世界中，通过绘制或导入模型来搭建虚拟的工作场景，从而模拟真实的工作环境。目前的离线编程软件一般都具有简单的建模功能，但对于复杂系统的三维模型而言，通常是通过其他三维软件（如Solidworks、Pro/E、UG等）将其转换成相应的格式文件导入到离线编程软件中。

ROBOGUIDE支持的三维软件文件格式有：CSB(*.csb)、IGES(.igs;* .iges)、body.dat(body.dat)、STL(*.stl)、Alias Wavefront Object(".obj)、Collada(*.dae)、VRML 2.0,97(*.wrl;*.vrml)、Renderware ASCII RWX(*.rwx)、3ds Max(*.3ds)和AutoCAD ASCII DXF(*.dxf)。

3. 创建坐标系

仿真工作站的场景搭建完成后，需要按照真实的机器人配置设置工具坐标系和用户坐标系。

4. 模型的仿真设置

由三维软件绘制的模型除了在形状上有所不同外，其他并无本质上的差别。而ROBOGUIDE软件建立的工作站要求这些模型充当不同的角色，如工件、机械装备等。编程人员要对相应的模型进行设置，赋予它们不同的属性以达到仿真的目的。

5. 创建仿真路径程序

在ROBOGUIDE软件的工作站中利用虚拟示教器或者轨迹自动规划功能的方法创建并编写机器人程序，实现真实机器人所要求的功能，如焊接、搬运、码垛等。

6. 运行仿真程序

相对于真实机器人运行程序，在软件中进行程序的仿真运行实际上是让编程人员提前预知了运行结果。可视化的运行结果使得程序的预期性和可行性更为直观，如程序是否满足任务要求、机器人是否会发生轴的限位、是否发生碰撞等。针对仿真结果中出现的情况进行分析，可及时纠正程序的错误并进一步优化程序。

本章习题

1. ROBOGUIDE软件常用的仿真模块有哪些？
2. 简述ROBOGUIDE软件的主要功能。
3. 简述在ROBOGUIDE软件中不同属性的模型，分别具有什么特点。
4. ROBOGUIDE软件仿真项目的实施主要有哪些环节？

第3章
基础实训仿真

本章以基础实训模块为例,介绍虚拟仿真的基础应用,任务是示教一段简单的运行轨迹并进行仿真演示。基础实训模块示教盘上包括圆形槽、方形槽、正六边形槽、三角形槽、样条曲线槽以及 xoy 坐标系,如图3-1所示。要完成本实训仿真,需要进行5个部分的操作:基础实训工作站搭建、基础实训模块导入及安装、坐标系创建、基础路径创建、仿真程序运行。

通过本章节的学习,读者可以掌握以下内容。

- Fixtures模块具有的功能
- 加载工业机器人及周边模型
- 不同属性模型的相互关联
- 工具坐标系的创建
- 用户坐标系的创建
- 虚拟示教器的使用
- 简单路径的仿真及调试

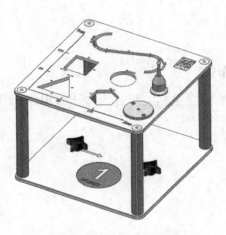

图3-1　MA01基础实训模块

3.1 路径规划

基础实训仿真使用基础模块,以基础模块中的方形和S形曲线为例,演示机器人的直线、圆弧运动。机器人程序流程及轨迹规划如图3-2所示。

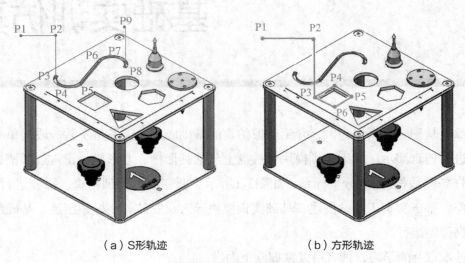

(a)S形轨迹　　　　　　　　(b)方形轨迹

图3-2　程序流程及轨迹规划

3.2 基础实训工作站搭建

要完成仿真任务,首先需要将涉及的通用机械模型加载到工作站中对应位置,基础实训工作站的搭建包括以下内容。

①创建新工作站。
②实训台导入。
③机器人本体安装。
④工具导入及安装。

基础实训工作站搭建

3.2.1 创建新工作站

首先创建一个新工作站并完成相关配置。打开ROBOGUIDE软件后,新建一个工作站,详细操作步骤见表3-1。

表 3-1 创建新工作站操作步骤

序号	图片示例	操作步骤
1		打开 ROBOGUIDE 软件，单击菜单栏上的 "File" / "New Cell"，新建 "Cell" 工作站
2		在弹出的创建向导中，修改工作站名称，如 "基础实训仿真"，单击 "Next" 按钮
3		选择创建虚拟机器人的方法，此处选择第一项 "Create a new robot with the default HandingPRO config."（使用默认的 Handing PRO 配置创建机器人），单击 "Next" 按钮

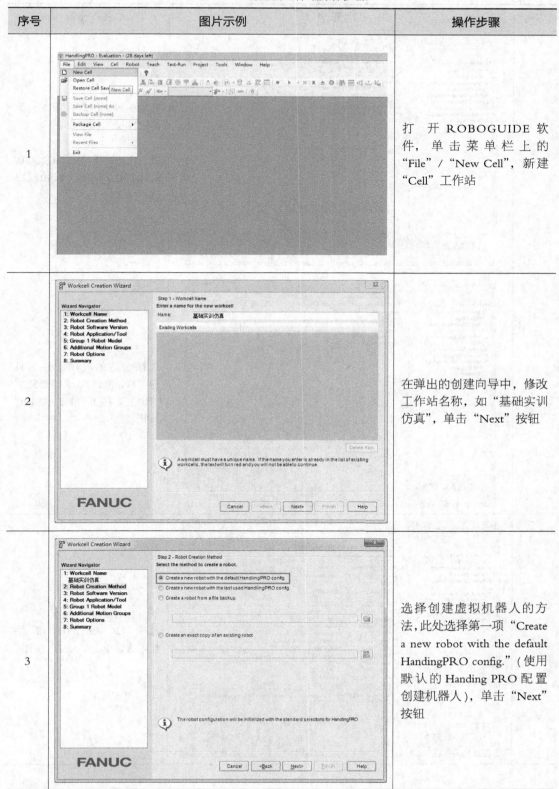

续表

序号	图片示例	操作步骤
4	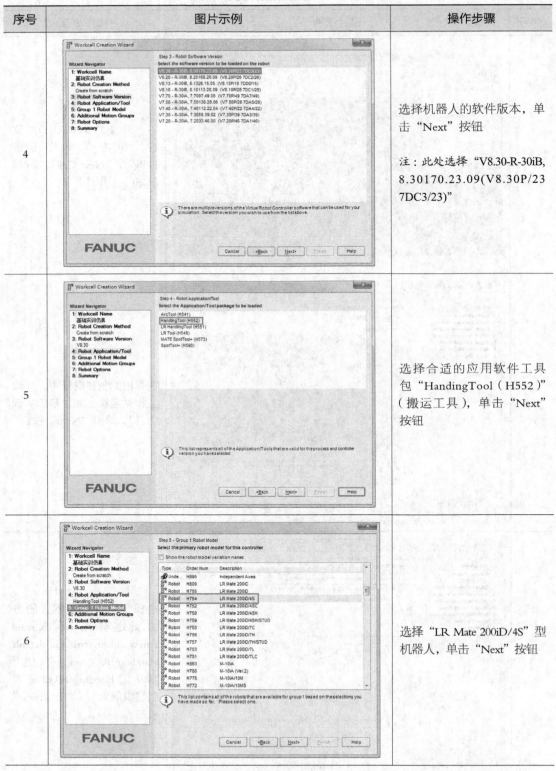	选择机器人的软件版本，单击"Next"按钮 注：此处选择"V8.30-R-30iB, 8.30170.23.09（V8.30P/23 7DC3/23）"
5		选择合适的应用软件工具包"HandingTool（H552）"（搬运工具），单击"Next"按钮
6		选择"LR Mate 200iD/4S"型机器人，单击"Next"按钮

第3章 基础实训仿真

续表

序号	图片示例	操作步骤
7		选择添加外部群组，此处不做选择，单击"Next"按钮
8		在"Languages"中选择"Chinese Dictionary"，单击"Next"按钮
9		确认所有选项无误后，单击"Finish"按钮

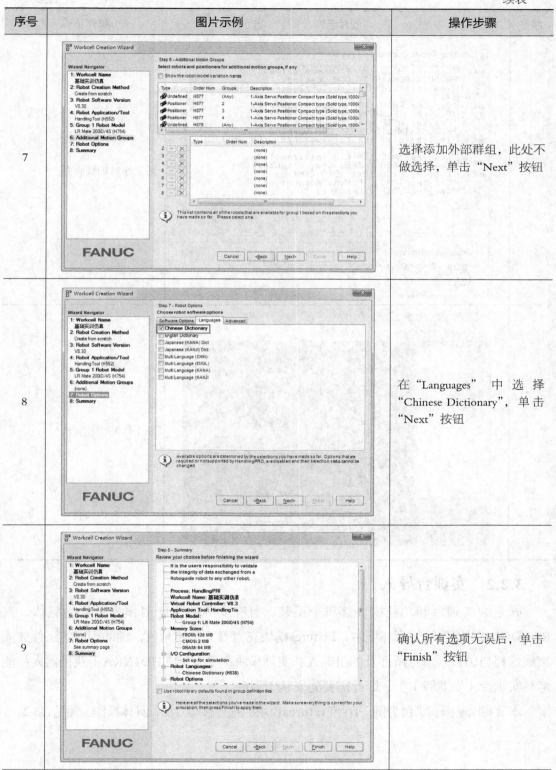

31

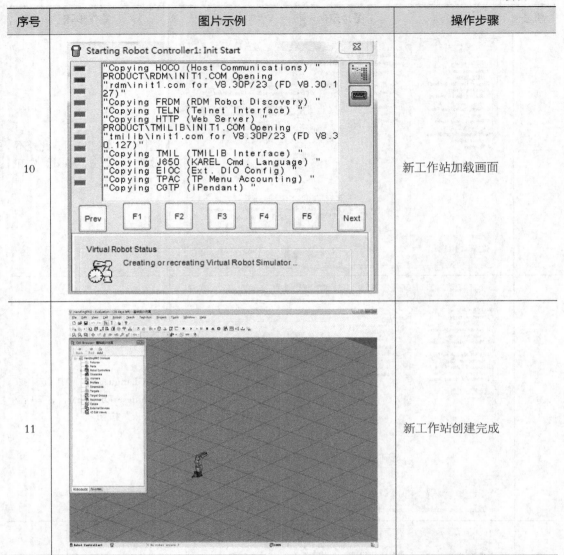

3.2.2 实训台导入

固定的实训台和功能模块都属于工装,且在实际的生产中作为工件的载体,在ROBOGUIDE软件的仿真环境中,Fixtures模块充当着工装的角色,辅助相应的工件完成离线编程与仿真。本章所涉及的机器人和实训模块都要安装在HD1XKA工业机器人技能考核实训台(专业版)上,因此需要先安装实训台。

本节将以基础实训台为例,介绍Fixtures模块的拖拽移动方法,具体操作步骤见表3-2。

第3章 基础实训仿真

表 3-2 工业机器人技能考核实训台（专业版）导入步骤

序号	图片示例	操作步骤
1		在软件界面最左侧找到"Cell Browser- 基础实训仿真"菜单。右击菜单中的"Fixtures"，选择"Add Fixture"，在弹出的 7 个选项中选择"Single CAD File"
2		选择"HRG-HD1XKA 工业机器人技能考核实训台（专业版）.igs"文件，单击"打开"按钮
3		HRG-HD1XKA 工业机器人技能考核实训台导入完成。单击"OK"按钮，关闭弹出窗口

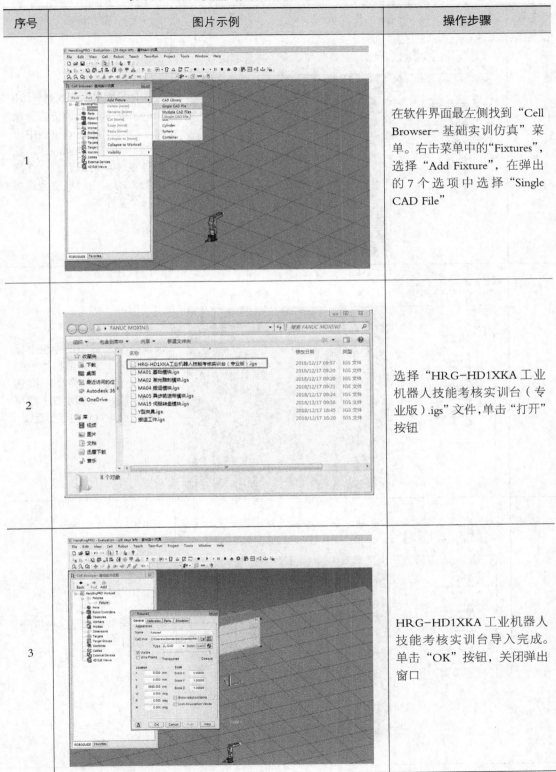

续表

序号	图片示例	操作步骤
4	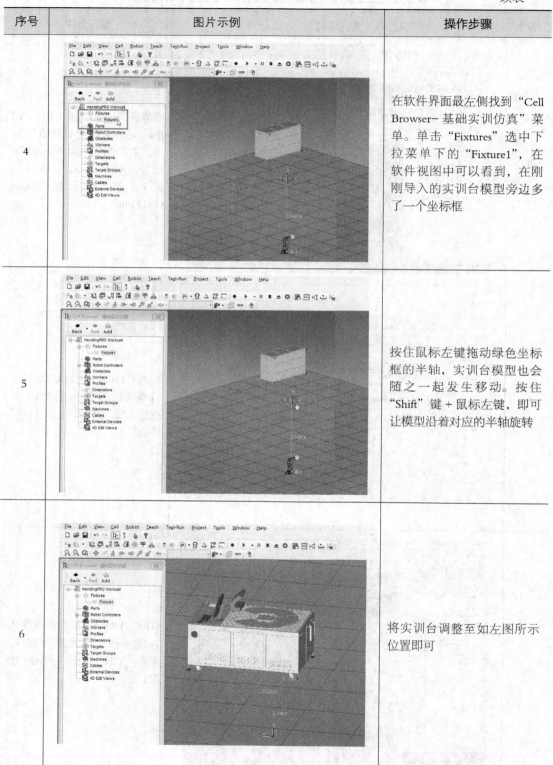	在软件界面最左侧找到"Cell Browser- 基础实训仿真"菜单。单击"Fixtures"选中下拉菜单下的"Fixture1",在软件视图中可以看到,在刚刚导入的实训台模型旁边多了一个坐标框
5		按住鼠标左键拖动绿色坐标框的半轴,实训台模型也会随之一起发生移动。按住"Shift"键+鼠标左键,即可让模型沿着对应的半轴旋转
6		将实训台调整至如左图所示位置即可

续表

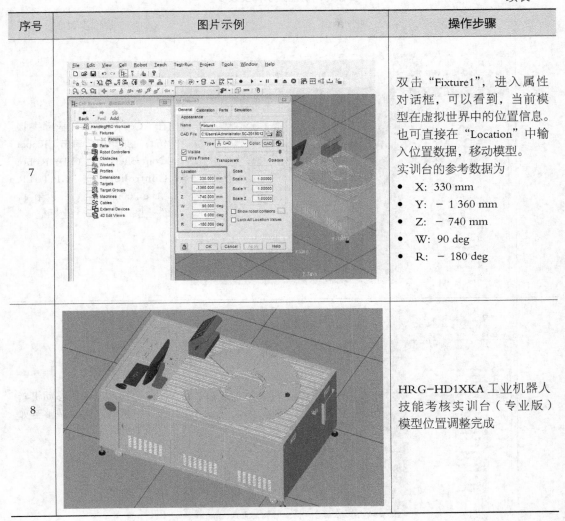

序号	图片示例	操作步骤
7		双击"Fixture1",进入属性对话框,可以看到,当前模型在虚拟世界中的位置信息。也可直接在"Location"中输入位置数据,移动模型。实训台的参考数据为 • X: 330 mm • Y: −1 360 mm • Z: −740 mm • W: 90 deg • R: −180 deg
8		HRG-HD1XKA 工业机器人技能考核实训台(专业版)模型位置调整完成

3.2.3 机器人本体安装

机器人当前位置与实训台的位置不符合编程要求,因此,需要改变机器人当前位置。本节将介绍拖拽移动机器人位置的方法,完成机器人本体的安装。详细的操作步骤见表3-3。

表3-3 机器人本体安装步骤

序号	图片示例	操作步骤
1	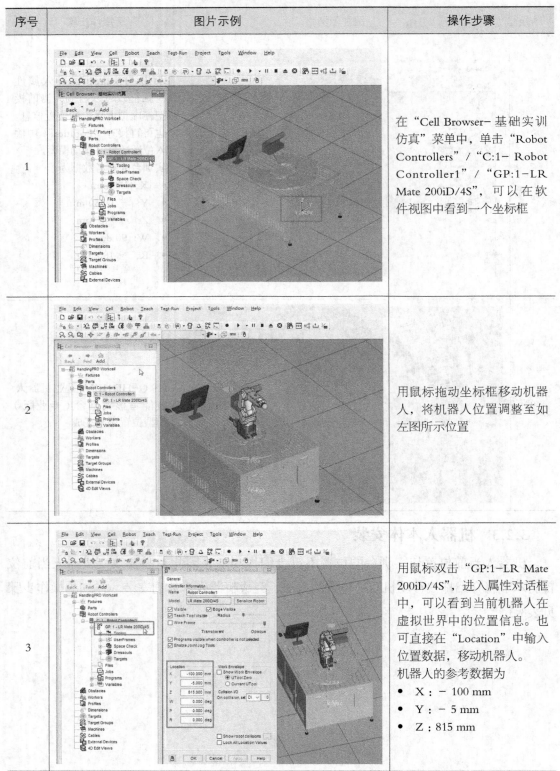	在"Cell Browser-基础实训仿真"菜单中,单击"Robot Controllers"/"C:1-Robot Controller1"/"GP:1-LR Mate 200iD/4S",可以在软件视图中看到一个坐标框
2		用鼠标拖动坐标框移动机器人,将机器人位置调整至如左图所示位置
3		用鼠标双击"GP:1-LR Mate 200iD/4S",进入属性对话框中,可以看到当前机器人在虚拟世界中的位置信息。也可直接在"Location"中输入位置数据,移动机器人。 机器人的参考数据为 • X:-100 mm • Y:-5 mm • Z:815 mm

续表

序号	图片示例	操作步骤
4		机器人安装完成

3.2.4 工具导入及安装

工具是工业机器人的末端执行器,在软件自带的模型库中,Eoat模型适用于工具模块,它的模型一般会加载在"Tooling"路径上,模拟真实的机器人工具。常见的末端执行器有焊枪、夹爪、真空吸盘等。ROBOGUIDE软件提供部分模型供用户使用,也可导入自定义的工具。本任务实施过程:在机器人的第六轴法兰盘上安装一个自定义的"Y型夹具",通过安装的操作过程使初学者掌握工具模型的添加方法、调整工具模型的大小和位置的方法及TCP设置的相关操作。Y型夹具导入及TCP设置步骤见表3-4。

表3-4 Y型夹具导入及TCP设置步骤

序号	图片示例	操作步骤
1	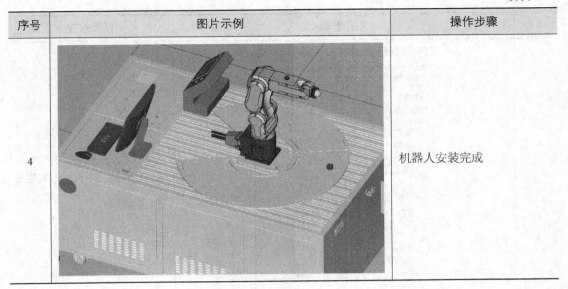	打开"GP:1-LR Mate 200iD/4S"/"Tooling",双击"UT:1(Eoat1)",打开工具属性窗口

续表

序号	图片示例	操作步骤
2	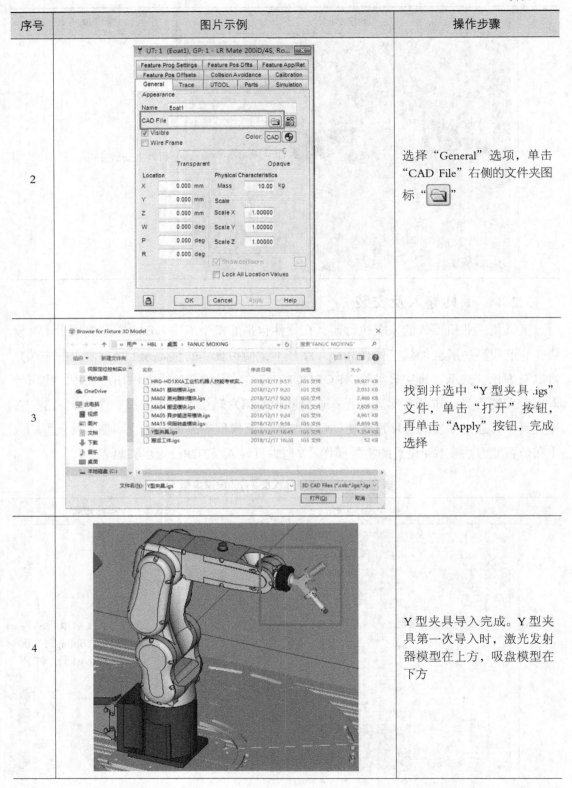	选择"General"选项，单击"CAD File"右侧的文件夹图标"📁"
3		找到并选中"Y型夹具.igs"文件，单击"打开"按钮，再单击"Apply"按钮，完成选择
4		Y型夹具导入完成。Y型夹具第一次导入时，激光发射器模型在上方，吸盘模型在下方

第3章 基础实训仿真

续表

序号	图片示例	操作步骤
5		单击选中"UT：1（Eoat1）"，在软件视图中可以看到，工具末端出现了一个坐标框。如果希望改变工具模型与机器人法兰盘的相对位置，按住鼠标拖动坐标框半轴即可移动工具模型
6		双击"UT：1（Eoat1）"，进入属性对话框，可以看到，当前工具相对于机器人法兰盘的位置信息。也可直接在"Location"中输入位置数据，改变工具位置。本节工具的参考数据为 • R：180 deg
7		本章使用激光发射器模型，为了使机器人在移动的时候减少关节活动，所以将激光发射器模型调整至下方

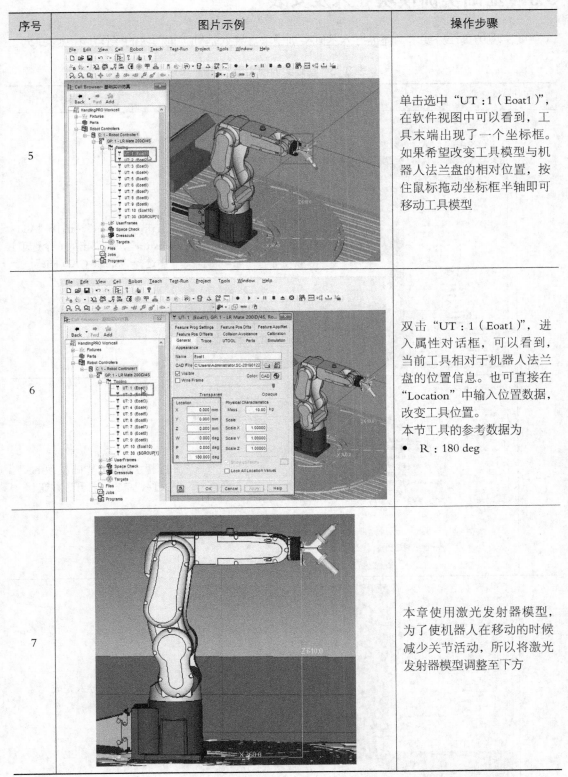

3.3 基础实训模块导入及安装

要实现仿真任务要求，还需导入基础实训模块。导入基础实训模块的操作步骤见表3-5。

表3-5 基础实训模块导入步骤

序号	图片示例	操作步骤
1		右击"Fixtures"，选择"Add Fixture"，在弹出的6个选项中选择"Single CAD File"
2		选择"MA01基础模块.igs"文件，单击"打开"按钮
3		基础实训模块导入完成

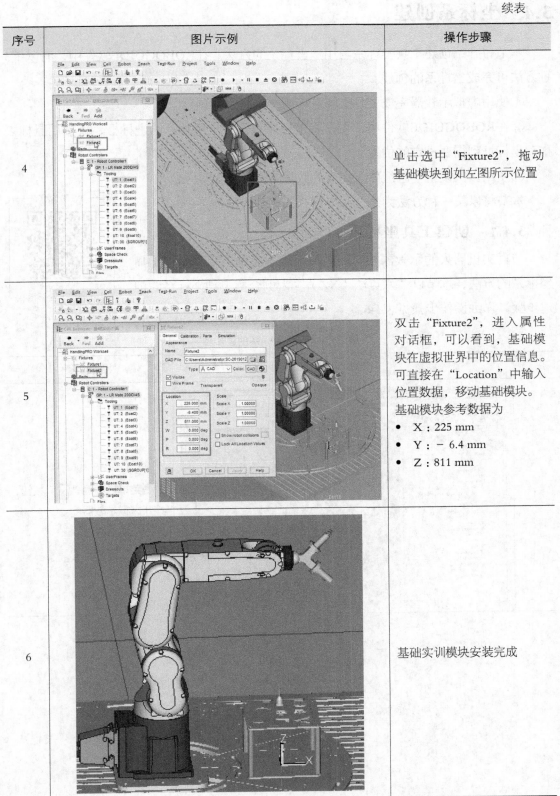

序号	图片示例	操作步骤
4		单击选中"Fixture2",拖动基础模块到如左图所示位置
5		双击"Fixture2",进入属性对话框,可以看到,基础模块在虚拟世界中的位置信息。可直接在"Location"中输入位置数据,移动基础模块。基础模块参考数据为 • X:225 mm • Y:−6.4 mm • Z:811 mm
6		基础实训模块安装完成

3.4 坐标系创建

本节将介绍创建工具坐标系与用户坐标系的方法。在ROBOGUIDE软件中，有以下3种方法可完成坐标系的创建。

①使用虚拟示教器完成工具坐标系与用户坐标系的创建。

②在ROBOGUIDE软件中，可以将坐标系看作一个可移动的坐标框，直接用鼠标去拖动坐标框到需要设定的位置。

③使用真实设备上已经建立完成的数据，进行直接输入。

本节将以第一种方法为主介绍坐标系的创建方法。

3.4.1 创建工具坐标系

与真实机器人的示教器相同，虚拟示教器提供了多种创建工具坐标系的方法，本节以"六点法（XZ）"为例介绍工具坐标系的创建步骤。详细操作步骤见表3-6。

创建工具坐标系

表3-6 工具坐标系创建步骤

序号	图片示例	操作步骤
1		单击菜单栏中的"📞"按钮，打开虚拟示教器

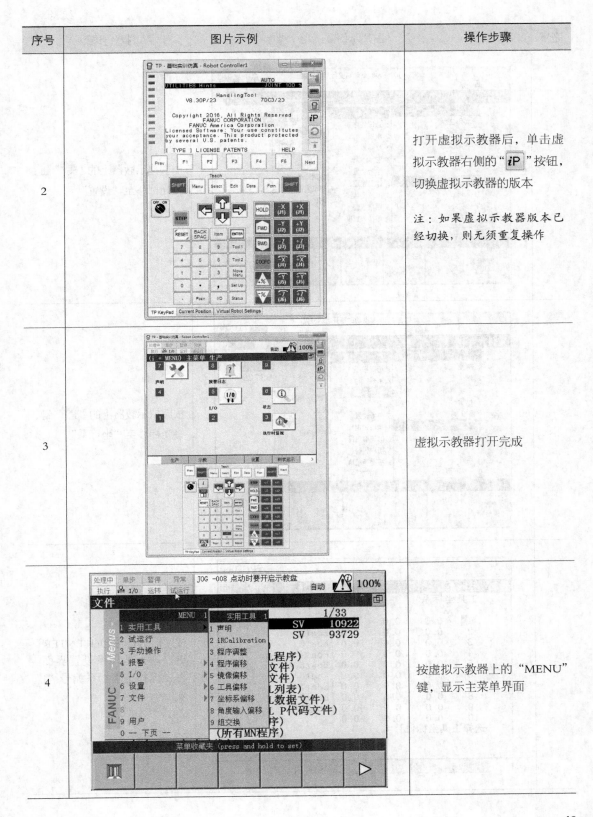

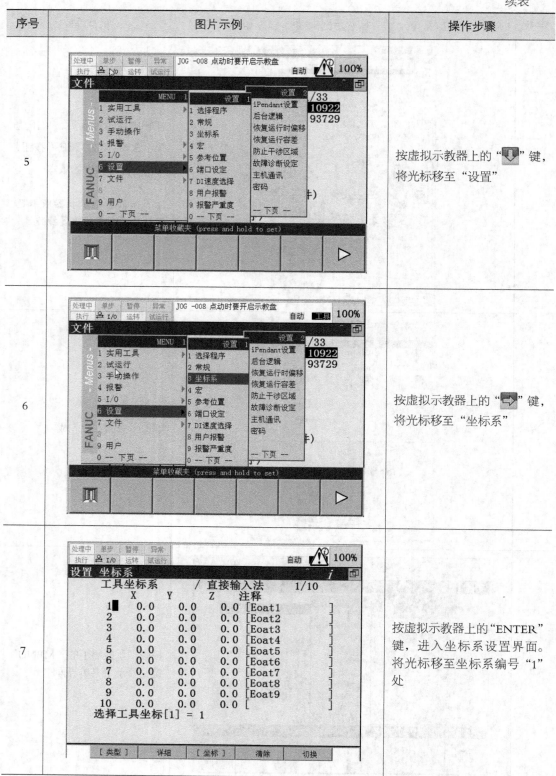

续表

序号	图片示例	操作步骤
8		单击"坐标"按钮,选择"工具坐标系",按虚拟示教器上的"ENTER"键
9		单击"详细"按钮,进入详细界面
10		单击"方法"按钮,选择"六点法(XZ)"

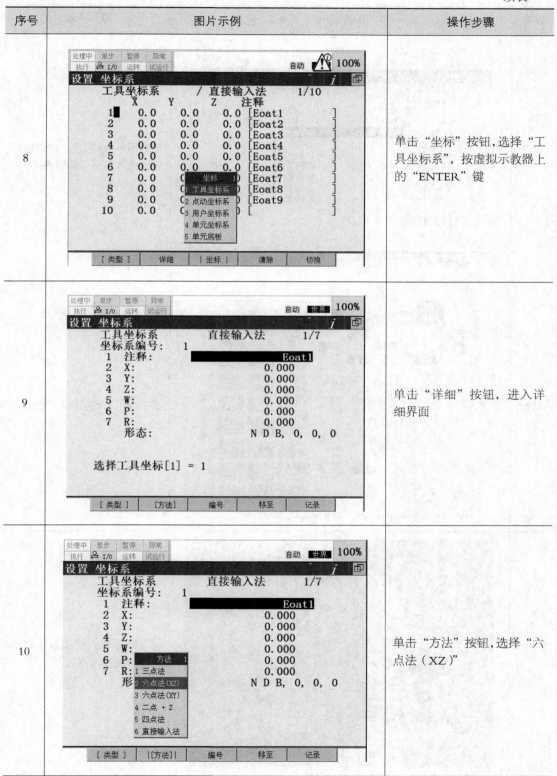

续表

序号	图片示例	操作步骤
11	设置 坐标系 工具坐标系　　　　六点法(XZ)　　1/7 坐标系编号：　1 X：　0.0　Y：　0.0　Z：　0.0 W：　0.0　P：　0.0　R：　0.0 注释：　　　　　　　Eoat1 接近点1：　　　　　　未初始化 接近点2：　　　　　　未初始化 接近点3：　　　　　　未初始化 坐标原点：　　　　　　未初始化 X方向点：　　　　　　未初始化 Z方向点：　　　　　　未初始化 选择工具坐标[1] = 1 [类型]　[方法]　编号　移至　记录	按虚拟示教器上的"ENTER"键，进入坐标系编辑界面
12		将" "开关拨至"ON"
13		移动机器人，使工具末端中心点接触到基准点

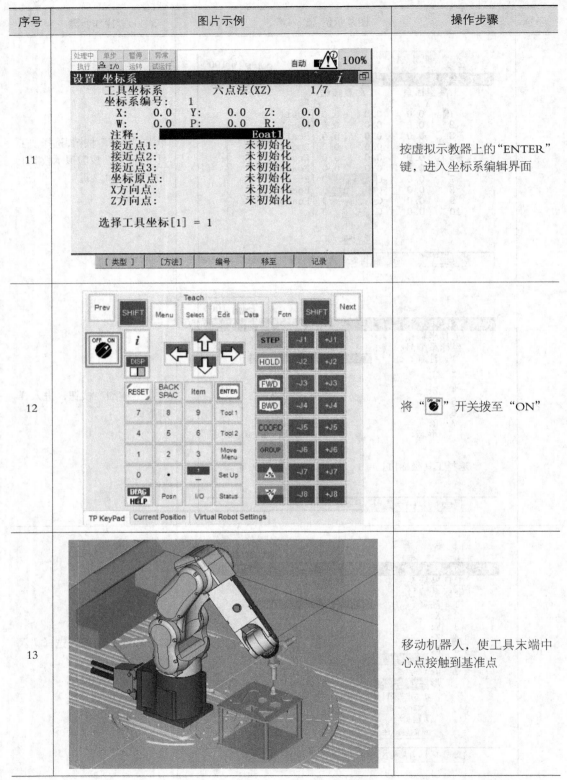

续表

序号	图片示例	操作步骤
14	设置 坐标系 工具坐标系　　　六点法(XZ)　　2/7 坐标系编号：　1 X:　0.0　Y:　0.0　Z:　0.0 W:　0.0　P:　0.0　R:　0.0 注释：　　　　　　Eoat1 **接近点1：**　　　已记录 接近点2：　　　　未初始化 接近点3：　　　　未初始化 坐标原点：　　　　未初始化 X方向点：　　　　未初始化 Z方向点：　　　　未初始化	移动光标到"接近点1："按虚拟示教器上的"SHIFT"键的同时单击"记录"按钮，记录位置。将光标移到"坐标原点"
15	设置 坐标系 工具坐标系　　　六点法(XZ)　　5/7 坐标系编号：　1 X:　0.0　Y:　0.0　Z:　0.0 W:　0.0　P:　0.0　R:　0.0 注释：　　　　　　Eoat1 接近点1：　　　　已记录 接近点2：　　　　未初始化 接近点3：　　　　未初始化 **坐标原点：**　　　已记录 X方向点：　　　　未初始化 Z方向点：　　　　未初始化 位置已经记录	光标移到"坐标原点"，按虚拟示教器上的"SHIFT"键的同时单击"记录"按钮，记录位置
16	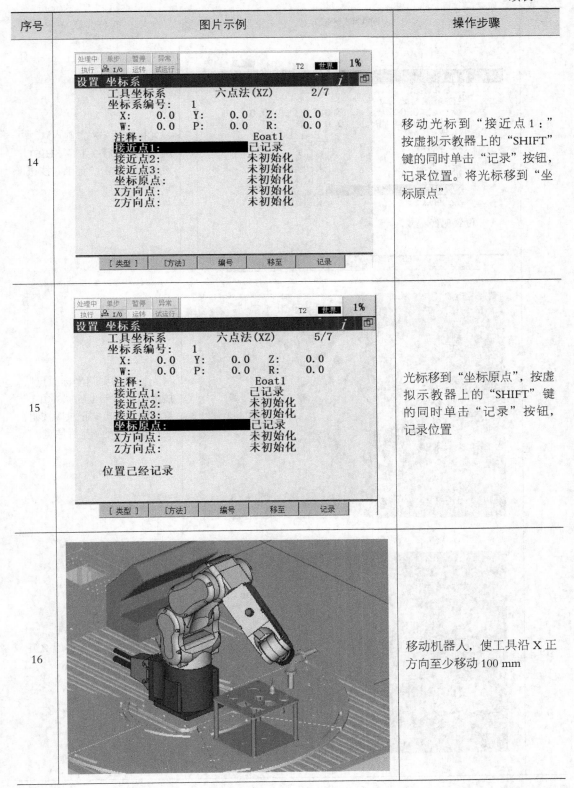	移动机器人，使工具沿X正方向至少移动100 mm

续表

序号	图片示例	操作步骤
17	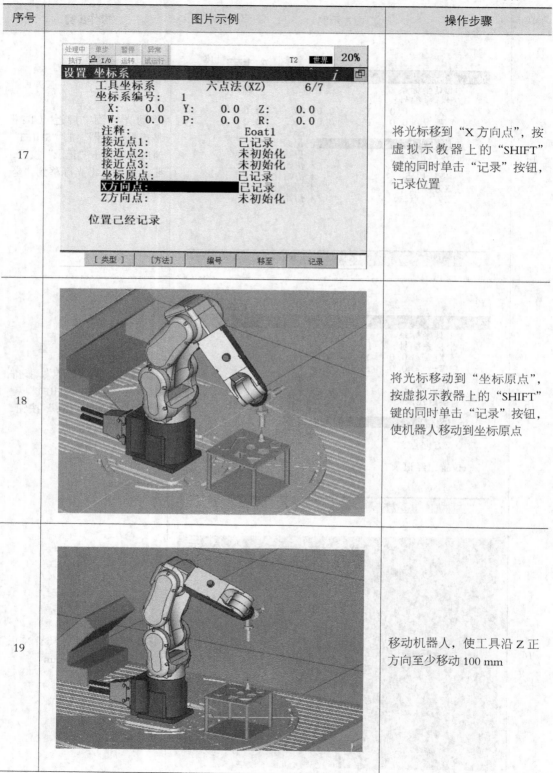	将光标移到"X方向点",按虚拟示教器上的"SHIFT"键的同时单击"记录"按钮,记录位置
18		将光标移动到"坐标原点",按虚拟示教器上的"SHIFT"键的同时单击"记录"按钮,使机器人移动到坐标原点
19		移动机器人,使工具沿Z正方向至少移动100 mm

续表

序号	图片示例	操作步骤
20	设置 坐标系 工具坐标系　六点法(XZ)　1/7 坐标系编号：1 　X: 0.0　Y: 0.0　Z: 0.0 　W: 0.0　P: 0.0　R: 0.0 注释：　　　　　Eoat1 接近点1：　　　已记录 接近点2：　　　未初始化 接近点3：　　　未初始化 坐标原点：　　　已记录 X方向点：　　　已记录 Z方向点：　　　已记录	将光标移到"Z方向点"，按虚拟示教器上的"SHIFT"键的同时单击"记录"按钮，记录位置
21	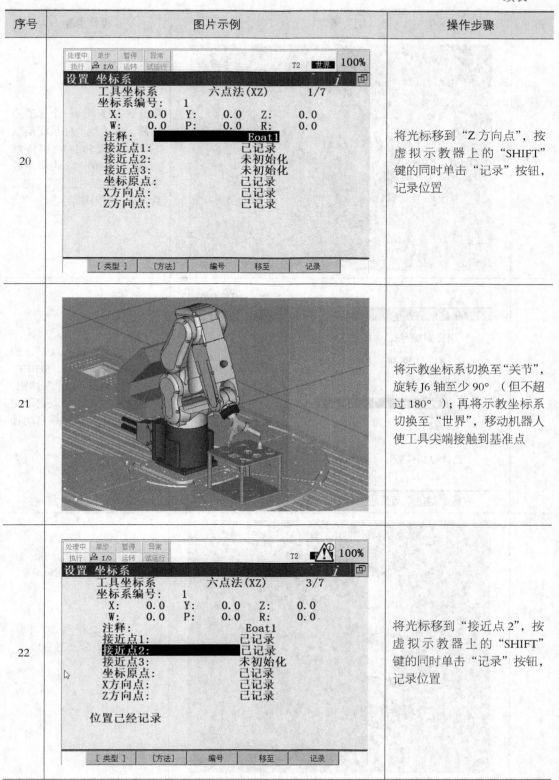	将示教坐标系切换至"关节"，旋转J6轴至少90°（但不超过180°）；再将示教坐标系切换至"世界"，移动机器人使工具尖端接触到基准点
22	设置 坐标系 工具坐标系　六点法(XZ)　3/7 坐标系编号：1 　X: 0.0　Y: 0.0　Z: 0.0 　W: 0.0　P: 0.0　R: 0.0 注释：　　　　　Eoat1 接近点1：　　　已记录 接近点2： 接近点3：　　　未初始化 坐标原点：　　　已记录 X方向点：　　　已记录 Z方向点：　　　已记录 位置已经记录	将光标移到"接近点2"，按虚拟示教器上的"SHIFT"键的同时单击"记录"按钮，记录位置

续表

序号	图片示例	操作步骤
23		将机器人移动到一个合适的位置,将示教坐标系切换至"关节",旋转J4轴和J5轴(不要超过90°);再将示教坐标系切换至"世界",使工具尖端接触到基准点
24		将光标移到"接近点3",按虚拟示教器上的"SHIFT"键的同时单击"记录"按钮,记录位置。当6个点记录完成,新的工具坐标系自动计算生成
25		新的工具坐标系创建完成

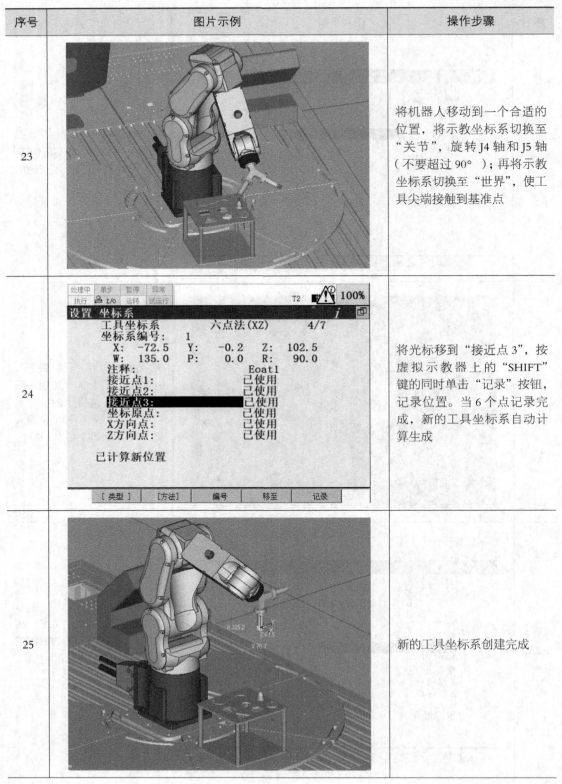

第3章 基础实训仿真

续表

序号	图片示例	操作步骤
26		为了更好地实现仿真效果，可以针对激光发射器的工具坐标系做一些修改。在左侧的"Cell Browser- 基础实训仿真"菜单中，单击"Robot Controllers" / "C:1- Robot Controller1" / "GP:1-LR Mate200iD/4S" / "Tooling"，找到"UT：1（Eoat1）"
27		双击"UT：1（Eoat1）"，在弹出窗口中，选中"UTOOL"子菜单。在"UTOOL"的数据栏里可以看到刚刚使用"六点法（XZ）"得到的工具坐标
28		勾选"Edit UTOOL"，拖动视图中的坐标框，即可改变工具坐标的位置；按住"Shift"键+鼠标左键，即可沿着半轴旋转工具坐标的方向

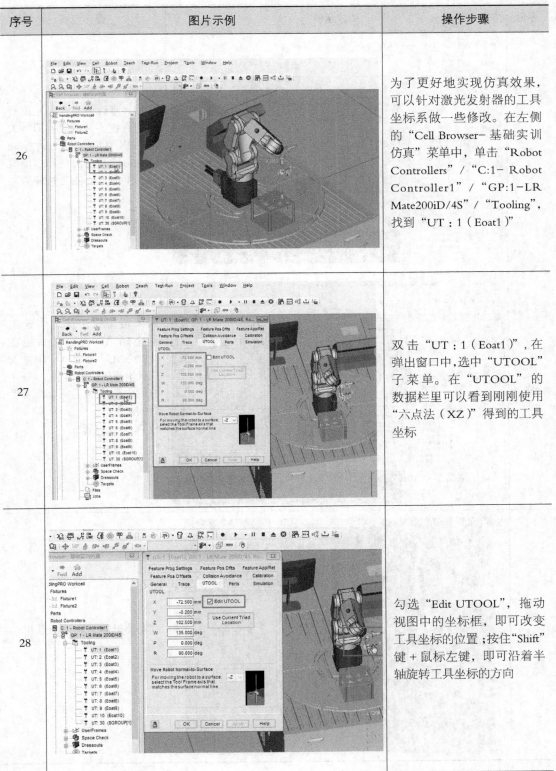

续表

序号	图片示例	操作步骤
29	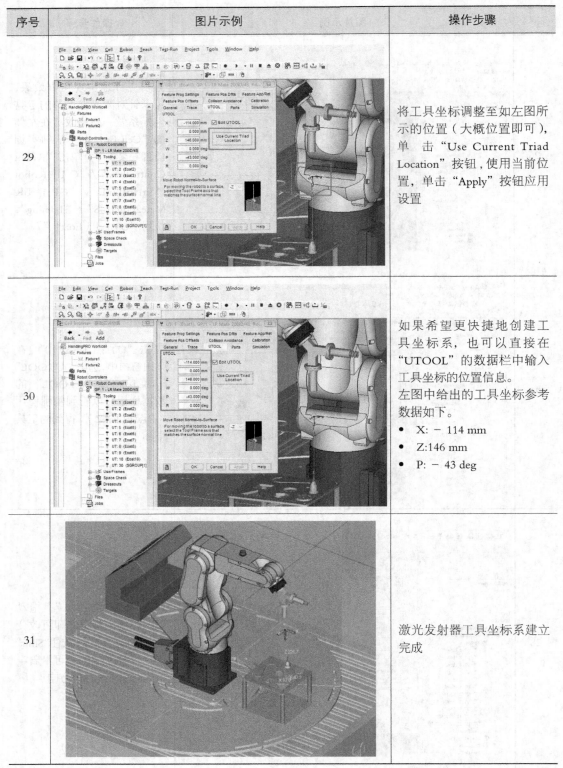	将工具坐标调整至如左图所示的位置（大概位置即可），单击"Use Current Triad Location"按钮，使用当前位置，单击"Apply"按钮应用设置
30		如果希望更快捷地创建工具坐标系，也可以直接在"UTOOL"的数据栏中输入工具坐标的位置信息。 左图中给出的工具坐标参考数据如下。 • X：-114 mm • Z：146 mm • P：-43 deg
31		激光发射器工具坐标系建立完成

3.4.2 创建用户坐标系

在工作站中创建相关的用户坐标系，为后续的编程示教操作做准备。与真实机器人的示教器相同，虚拟示教器提供了多种创建用户坐标系的方法，本节以"三点法"为例介绍用户坐标系的创建过程。详细操作步骤见表3-7。

创建用户坐标系

表 3-7 用户坐标系创建步骤

序号	图片示例	操作步骤
1		单击菜单栏中"⌨"按钮，打开虚拟示教器
2		打开虚拟示教器后，单击虚拟示教器右侧"*iP*"按钮，切换虚拟示教器的版本 注：如果虚拟示教器版本已经切换，则无须重复操作
3		虚拟示教器打开完成

续表

序号	图片示例	操作步骤
4		按虚拟示教器上的"MENU"键,显示主菜单界面
5		按虚拟示教器上的"⬇"键,将光标移至"设置"
6		按虚拟示教器上的"➡"键,将光标移至"坐标系"

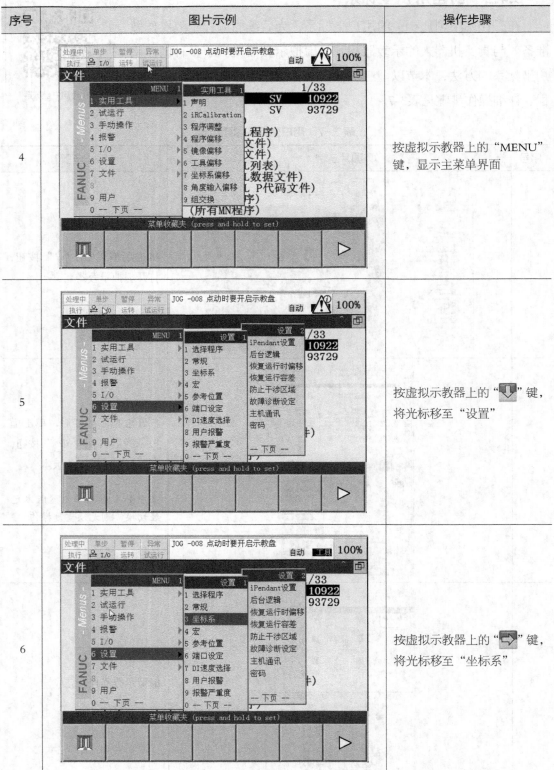

续表

序号	图片示例	操作步骤
7		按虚拟示教器上的"ENTER"键,进入坐标系设置界面
8		单击"坐标"按钮,选择"用户坐标系"
9		按虚拟示教器上的"ENTER"键,进入用户坐标系设置界面。将光标移至用户坐标系编号"1"处

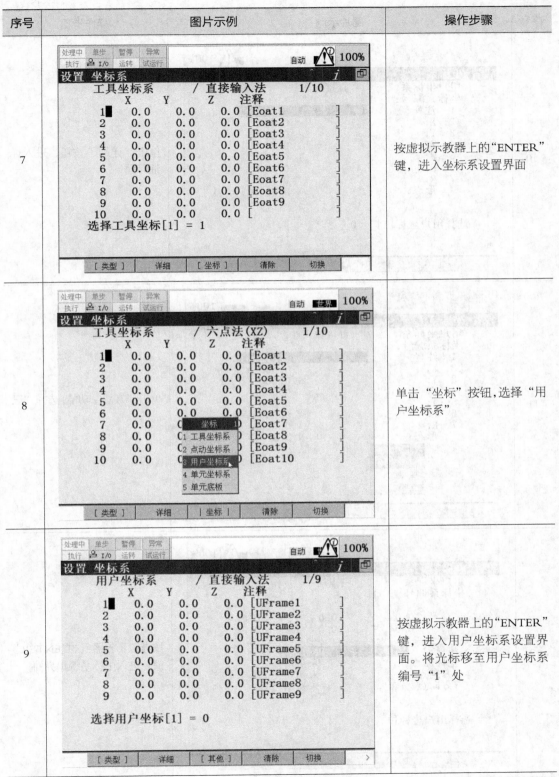

续表

序号	图片示例	操作步骤
10		单击"详细"按钮,进入详细界面
11		单击"方法"功能,选择"三点法"
12		按虚拟示教器上的"ENTER"键,进入坐标系编辑界面

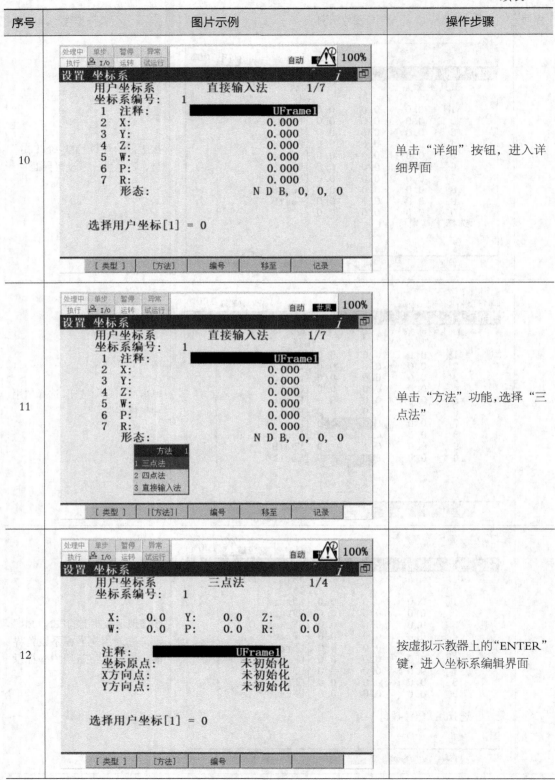

续表

序号	图片示例	操作步骤
13		将虚拟示教器左侧"●"开关拨至"ON",移动机器人到工件表面一个合适的位置,用以建立坐标原点
14		移动光标至"坐标原点",按虚拟示教器上的"SHIFT"键的同时单击"记录"按钮,记录位置
15		示教机器人沿期望用户坐标系的 X 正方向至少移动 100 mm

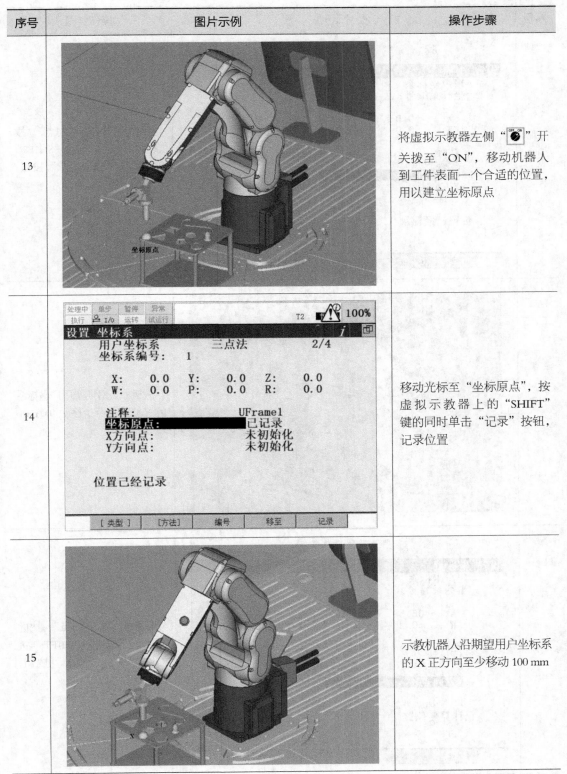

续表

序号	图片示例	操作步骤
16		光标移至"X正方向点",按虚拟示教器上的"SHIFT"键的同时单击"记录"按钮,记录位置
17		示教机器人沿期望用户坐标系的Y正方向至少移动100 mm
18		光标移至"Y方向点",按虚拟示教器上的"SHIFT"键的同时单击"记录"按钮,记录位置

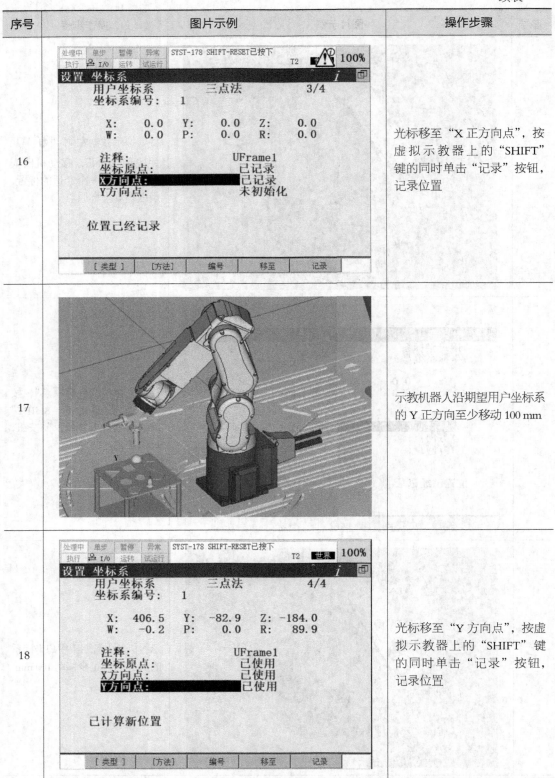

第3章 基础实训仿真

续表

序号	图片示例	操作步骤
19		新的用户坐标系创建完成
20		为了更快捷的实现仿真效果，可以使用另一种方法创建用户坐标系：在左侧的"Cell Browser–基础实训仿真"菜单中，单击"Robot Controllers"/"C:1– Robot Controller1"/"GP:1–LR Mate200iD/4S"/"UserFrames"，找到"UF：1（UFrame1）"
21		双击"UF：1（UFrame1）"，在"UFrame Data"栏中可以看到当前的用户坐标系数据信息

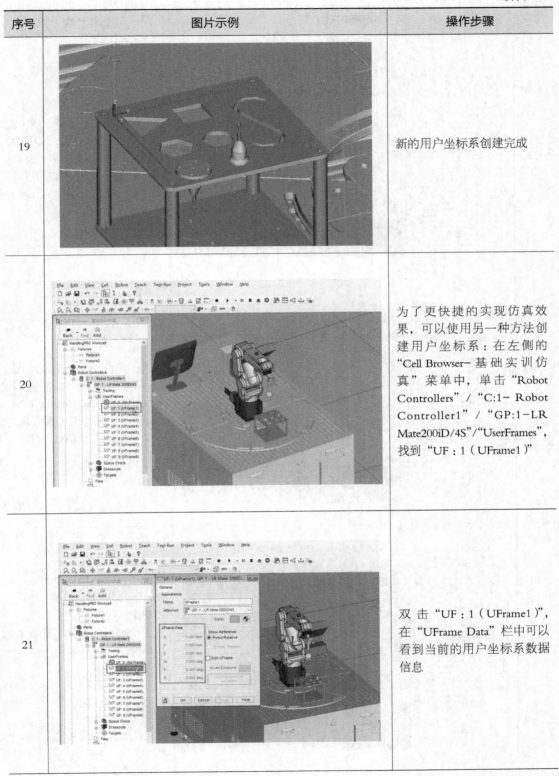

续表

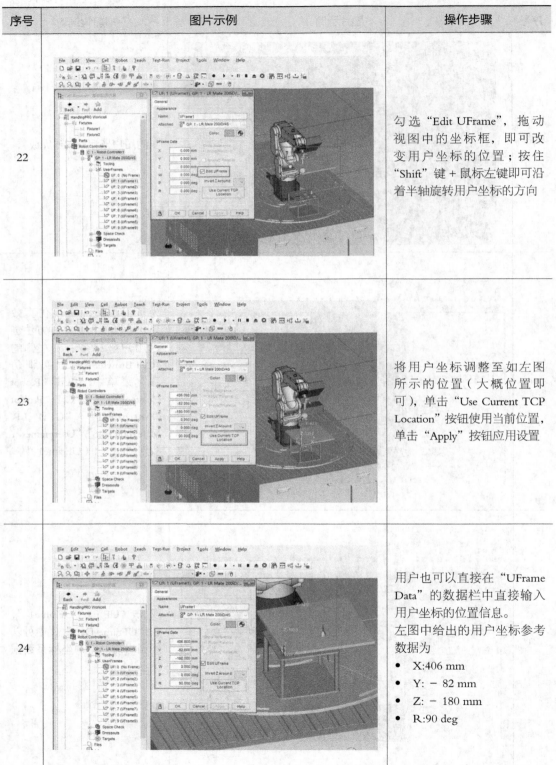

序号	图片示例	操作步骤
22		勾选"Edit UFrame",拖动视图中的坐标框,即可改变用户坐标的位置;按住"Shift"键+鼠标左键即可沿着半轴旋转用户坐标的方向
23		将用户坐标调整至如左图所示的位置(大概位置即可),单击"Use Current TCP Location"按钮使用当前位置,单击"Apply"按钮应用设置
24		用户也可以直接在"UFrame Data"的数据栏中直接输入用户坐标的位置信息。 左图中给出的用户坐标参考数据为 • X:406 mm • Y:-82 mm • Z:-180 mm • R:90 deg

续表

序号	图片示例	操作步骤
25	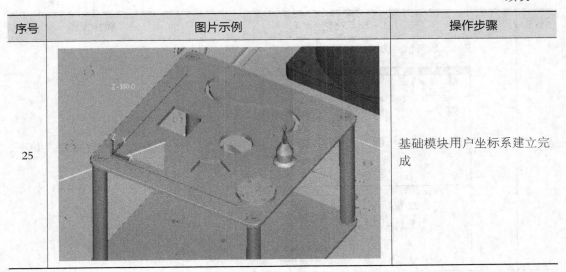	基础模块用户坐标系建立完成

3.5 基础路径创建

本节将使用虚拟示教器示教点位的方法进行路径创建,详细操作步骤见表3-8。

微课视频

基础路径创建

表 3-8 路径创建步骤

序号	图片示例	操作步骤
1	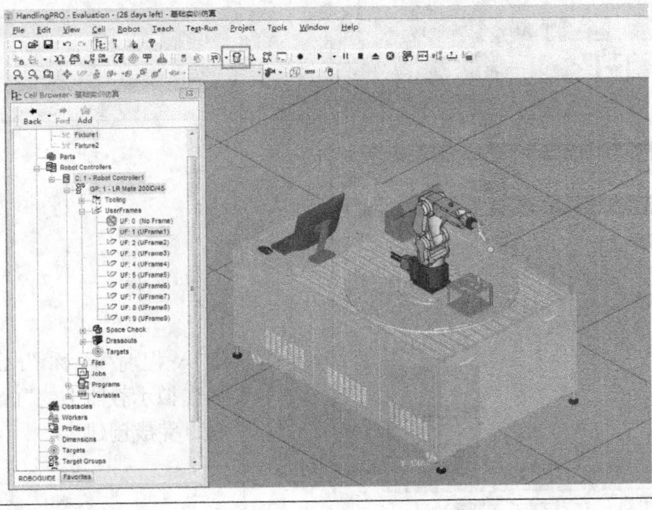	单击"虚拟示教器"图标"🗖",打开虚拟示教器

续表

序号	图片示例	操作步骤
2		将虚拟示教器有效开关切换至"ON"
3		按虚拟示教器上的"Select"键,选择"创建"
4		输入程序名称"MA01F",按虚拟示教器上的"ENTER"键,完成创建

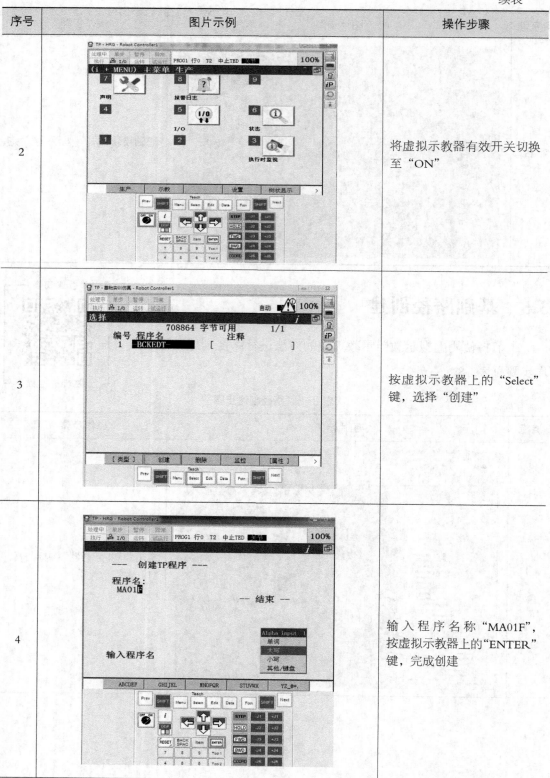

续表

序号	图片示例	操作步骤
5		单击"编辑"键,进入程序编辑画面
6		按住"Ctrl+Shift"组合键,单击 P[1] 位置,可将 TCP 移动到 P[1] 位置
7		单击"点"按钮,选择运动方式,P[1] 点位置会被自动记录

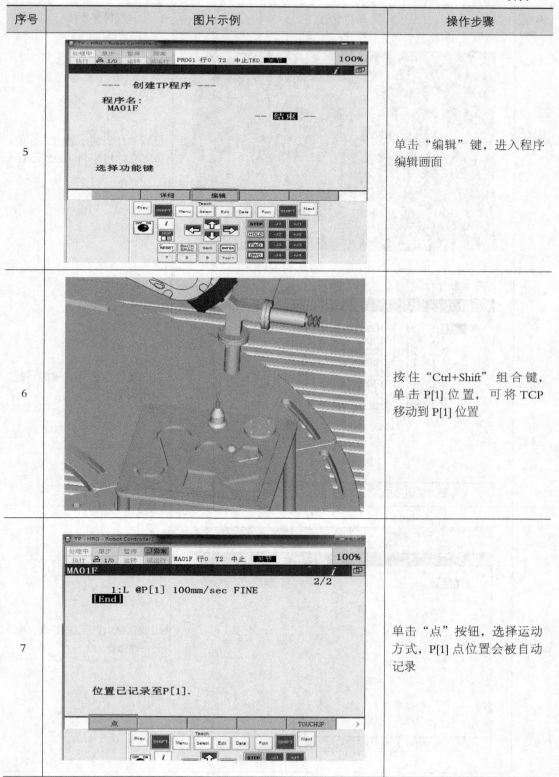

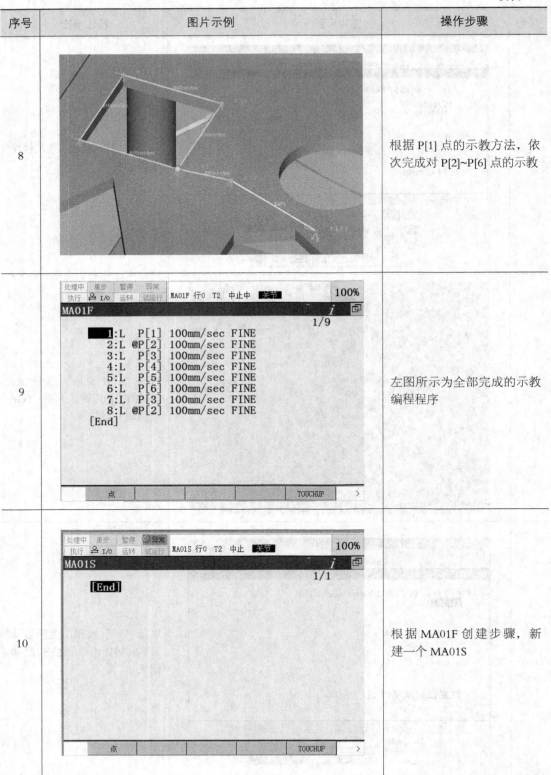

序号	图片示例	操作步骤
8		根据 P[1] 点的示教方法，依次完成对 P[2]~P[6] 点的示教
9	MA01F 1/9 1:L P[1] 100mm/sec FINE 2:L @P[2] 100mm/sec FINE 3:L P[3] 100mm/sec FINE 4:L P[4] 100mm/sec FINE 5:L P[5] 100mm/sec FINE 6:L P[6] 100mm/sec FINE 7:L P[3] 100mm/sec FINE 8:L @P[2] 100mm/sec FINE [End]	左图所示为全部完成的示教编程程序
10	MA01S 1/1 [End]	根据 MA01F 创建步骤，新建一个 MA01S

续表

序号	图片示例	操作步骤
| 11 | ```
MA01S
  1:J  P[1]  100% FINE
  2:J  P[2]  100% FINE
  3:L  P[3]  4000mm/sec FINE
  [End]
``` | 根据MA01F中点的示教方法，依次完成对P[1]~P[3]点的示教 |
| 12 | 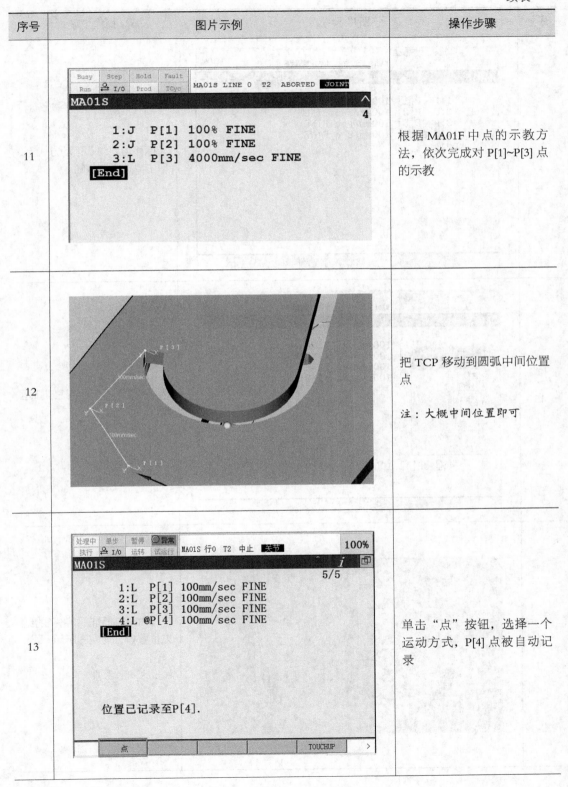 | 把TCP移动到圆弧中间位置点

注：大概中间位置即可 |
| 13 | ```
MA01S                              5/5
  1:L  P[1]   100mm/sec FINE
  2:L  P[2]   100mm/sec FINE
  3:L  P[3]   100mm/sec FINE
  4:L  @P[4]  100mm/sec FINE
  [End]



  位置已记录至P[4].
``` | 单击"点"按钮，选择一个运动方式，P[4]点被自动记录 |

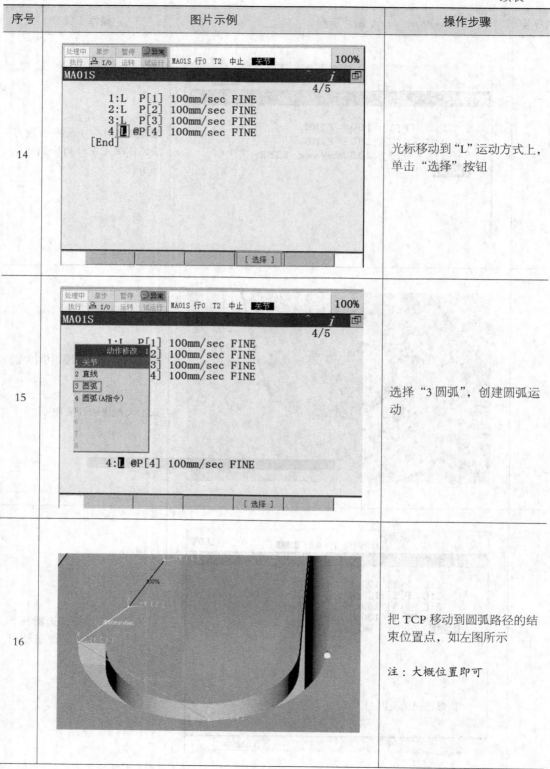

序号	图片示例	操作步骤
14		光标移动到"L"运动方式上，单击"选择"按钮
15		选择"3 圆弧"，创建圆弧运动
16		把 TCP 移动到圆弧路径的结束位置点，如左图所示 注：大概位置即可

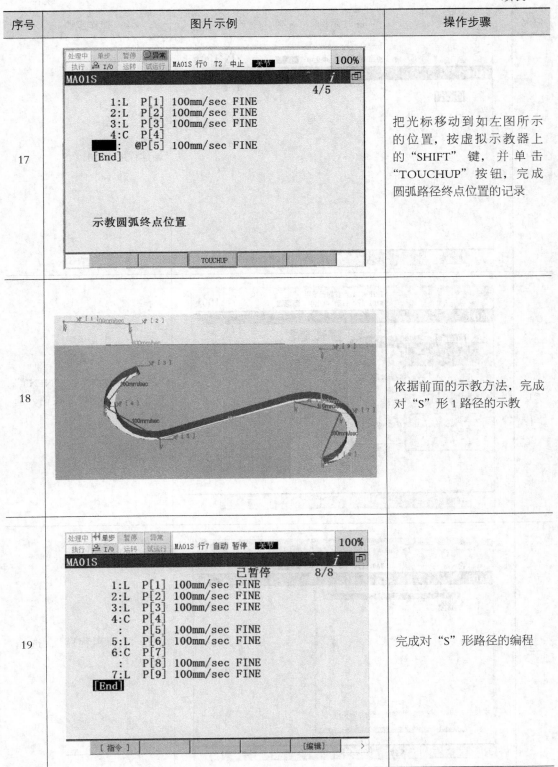

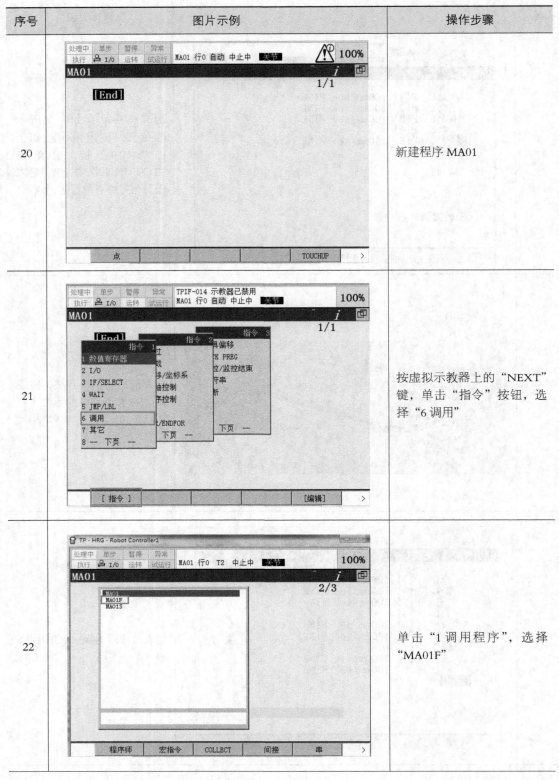

续表

序号	图片示例	操作步骤
23	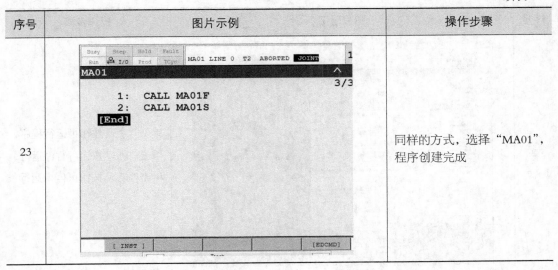	同样的方式，选择"MA01"，程序创建完成

3.6 仿真程序运行

完成路径创建后，即可进行仿真调试。通过运行仿真程序，用户可以直观地看到机器人的运动情况，为后续的项目实施或者优化提供依据。为了方便用户之间讨论交流，ROBOGUIDE软件提供了视频录制的功能。当所有操作完成，用户可以保存工作站，方便以后随时使用。

微课视频

仿真程序运行

3.6.1 运行仿真

仿真运行可以让机器人执行当前程序，沿着示教好的路径移动，在ROBOGUIDE软件中运行仿真的步骤见表3-9。

表3-9 运行仿真步骤

序号	图片示例	操作步骤
1		单击"▶∥■"运行面板按钮，打开运行面板窗口

续表

序号	图片示例	操作步骤
2		单击"▶"按钮可运行程序，单击"❚❚"按钮可暂停运行，单击"■"按钮可停止运行
3		勾选"Run Program In Loop"程序可循环运行
4		仿真运行路径如左图所示

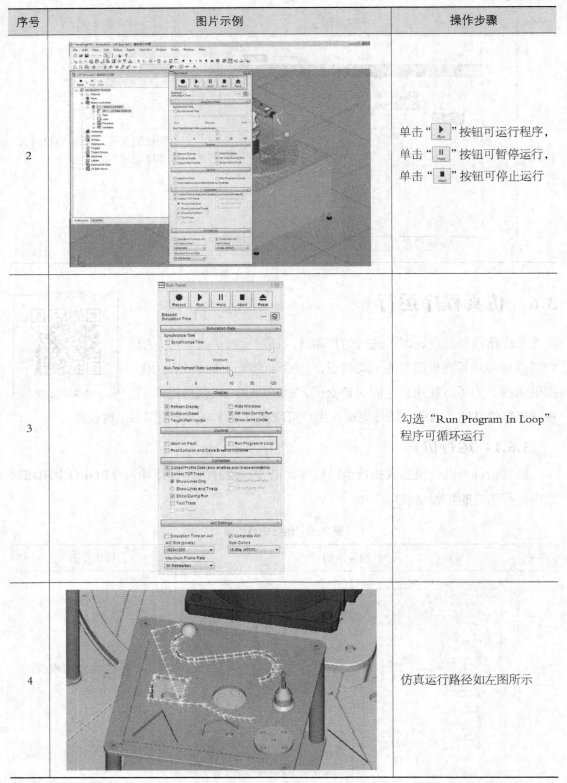

3.6.2 录制视频

利用ROBOGUIDE软件中的录制功能,可以在程序运行过程中,录制软件视图中的画面,具体操作步骤见表3-10。

表3-10 录制视频步骤

序号	图片示例	操作步骤
1	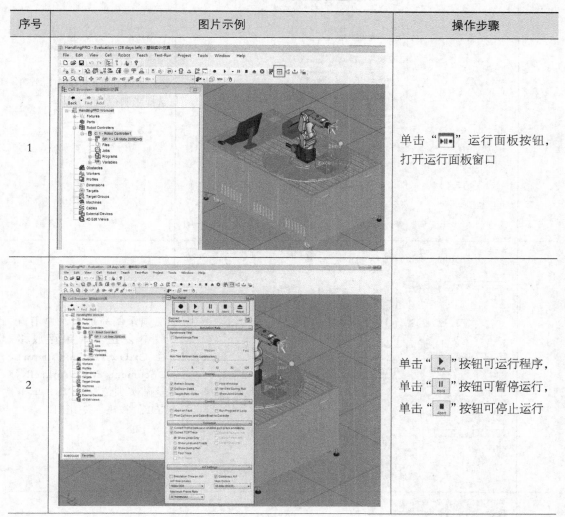	单击"▶Ⅱ■"运行面板按钮,打开运行面板窗口
2		单击"▶"按钮可运行程序,单击"Ⅱ"按钮可暂停运行,单击"■"按钮可停止运行

序号	图片示例	操作步骤
3		在"AVI Size（pixels）"中可选择录制视频的分辨率
4		视频录制完成后，弹出窗口中会显示视频存放路径 C:\Users\Administrator\Documents\My Workcells\基础实训仿真\AVIs，单击"OK"按钮，关闭窗口
5		打开上面的存放路径，即可找到所录制的视频文件

3.6.3 保存工作站

工作站的保存文件可以在不同计算机上的ROBOGUIDE软件中打开，以方便用户间的交流。保存工作站的具体步骤见表3-11。

表 3-11 保存工作站步骤

序号	图片示例	操作步骤
1		单击菜单栏左上角的"🖫"保存按钮，即可保存整个工作站
2		工作站的默认存放路径为 C:\Users\Administrator\Documents\My Workcells，打开路径后可以看到文件夹"基础实训仿真"
3		打开"基础实训仿真"文件夹后即可看到工作站所有的文件内容都存放在此

本章习题

1. 基础实训工作站的搭建包括哪些步骤?
2. 简述在ROBOGUIDE软件中创建坐标系的几种方法。
3. 运行仿真程序的作用是什么?
4. 简述基础路径创建的流程。

第4章
激光雕刻实训仿真

本章进行激光雕刻实训仿真，任务是沿着指定的边界曲线创建运动轨迹并进行仿真演示。激光雕刻模块固定的雕刻顶板与实训台台面成一定角度，凸显六轴机器人进行用户坐标系标定时与其他模块的用户坐标系标定操作有所区别，如图4-1所示。要完成本实训仿真，需要进行4个部分的操作：激光雕刻模块导入及安装、坐标系创建、激光雕刻路径创建、仿真程序运行。

通过本章节的学习，读者可以掌握以下内容。

- Part属性模型的"模型-程序"转化功能
- 自动路径创建及配置
- 使用虚拟示教器快捷调整机器人姿态

图4-1 MA02激光雕刻模块

4.1 路径规划

激光雕刻实训仿真任务要求机器人激光工具发出的激光沿着路径"HRG"字母外边缘运动，模拟实际激光雕刻，如图4-2所示。本章仅创建和演示机器人末端工具的运动轨迹。在本任务中，激光雕刻路径创建的方法是首先利用ROBOGUIDE软件的"模型-程序"转化功能快速生成运动指令，然后对一些运动参数进行修改，保证机器人能顺利运行，最后完善路径。

图4-2 激光雕刻路径

4.2 激光雕刻模块导入及安装

本章基于第3章的工作站建立仿真任务，所以不再重复演示创建新工作站、导入实训平台、安装机器人本体、创建工具坐标系等操作步骤。若用户希望重新创建工作站完成本章的实训仿真任

微课视频

激光雕刻模块导入及安装

务，只需参照3.1节搭建工作站即可。

本章任务选择安装MA02激光雕刻实训模块。该实训模块上有"HRG""EDUBOT"两组字母以及xoy坐标系，用户可以用相应的工具沿字母边缘进行路径示教。本节将以激光雕刻模块为例，介绍Part模块拖曳移动方法，具体操作步骤见表4-1。

表 4-1 导入激光雕刻模块步骤

序号	图片示例	操作步骤
1		工作站的默认存放路径为 C:\Users\Administrator\Documents\My Workcells，打开路径后找到文件夹"基础实训仿真"
2		打开"基础实训仿真"文件夹后，找到工作站图标" "，双击"基础实训仿真.frw"打开工作站
3		打开工作站后，单击菜单栏上的"File"/"Save Cell"基础实训仿真"As"

第4章 激光雕刻实训仿真

续表

序号	图片示例	操作步骤
4	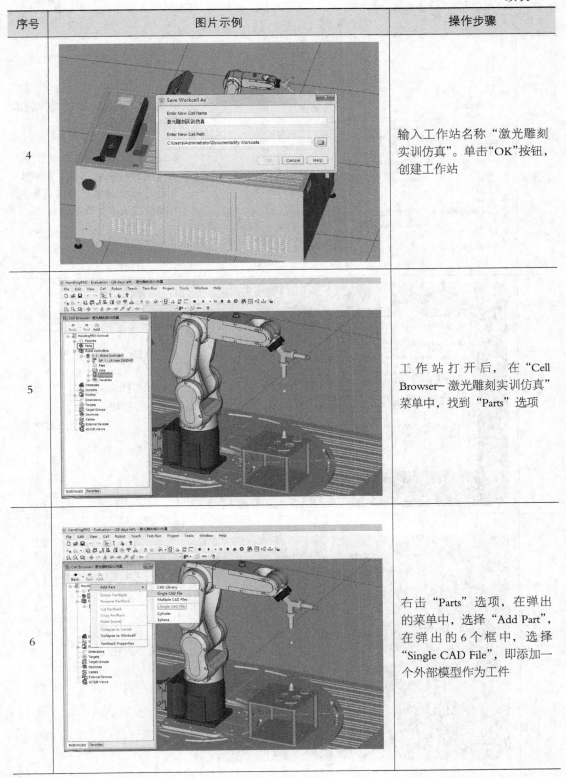	输入工作站名称"激光雕刻实训仿真"。单击"OK"按钮，创建工作站
5		工作站打开后，在"Cell Browser-激光雕刻实训仿真"菜单中，找到"Parts"选项
6		右击"Parts"选项，在弹出的菜单中，选择"Add Part"，在弹出的6个框中，选择"Single CAD File"，即添加一个外部模型作为工件

序号	图片示例	操作步骤
7		选择"MA02 激光雕刻模块.igs"单击打开 注：在ROBOGUIDE软件中，仅支持对Part属性下的模型进行轨迹捕捉，所以将激光雕刻模块添加为Part模块
8		选择"High Quality"，单击"OK"按钮
9		模型导入完成

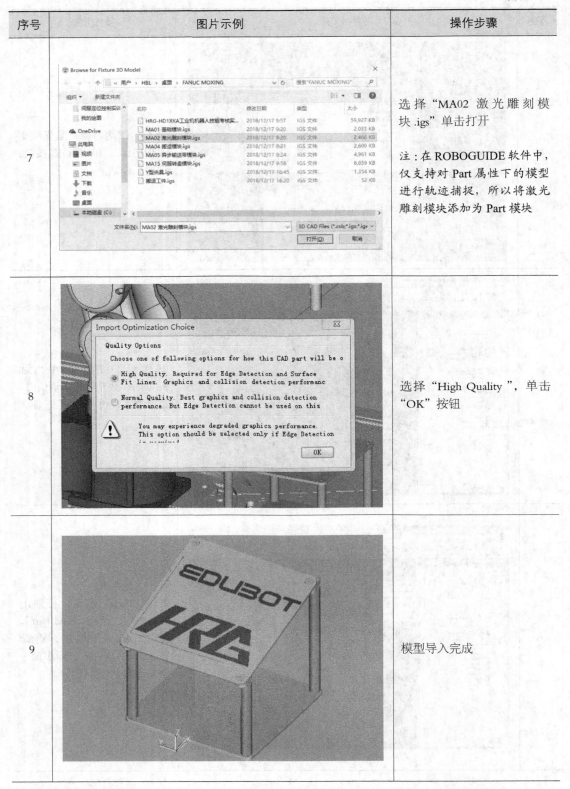

第4章 激光雕刻实训仿真

续表

序号	图片示例	操作步骤
10		在模型导入完成后，弹出一个配置界面，单击"OK"按钮即可 注：Part 模块导入到 ROBO、GUIDE 软件中并不能马上生效，需投射到 Fixture 模块或 Machine 模块上才能使用
11		在"Cell Browser- 激光雕刻实训仿真"菜单中，单击"⊞"号展开"Fixtures"选项，选中"Fixture1"
12		双击"Fixture1"，打开属性设置窗口，单击"Parts"选项卡，进行设置

续表

序号	图片示例	操作步骤
13		勾选"Part1",单击"Apply"按钮,将"Part1"投射到"Fixture1"上
14		勾选"Edit Part Offset"选项,在软件视图中可以看到,模型旁边有一个坐标框,按住鼠标左键拖动坐标框的半轴,Part 模型也会随之一起发生移动。按住"Shift"键+鼠标左键,即可让模型沿着对应的半轴旋转
15		在"Part Offset"栏中可以看到,"Part1"相对于"Fixture1"中的偏移位置信息,用户可直接在"Part Offset"中输入数据,移动Part1。 参考数据如下。 • X: 260 mm • Y: 1 550 mm • Z: 1 040 mm • W: −90 deg • P: −60 deg

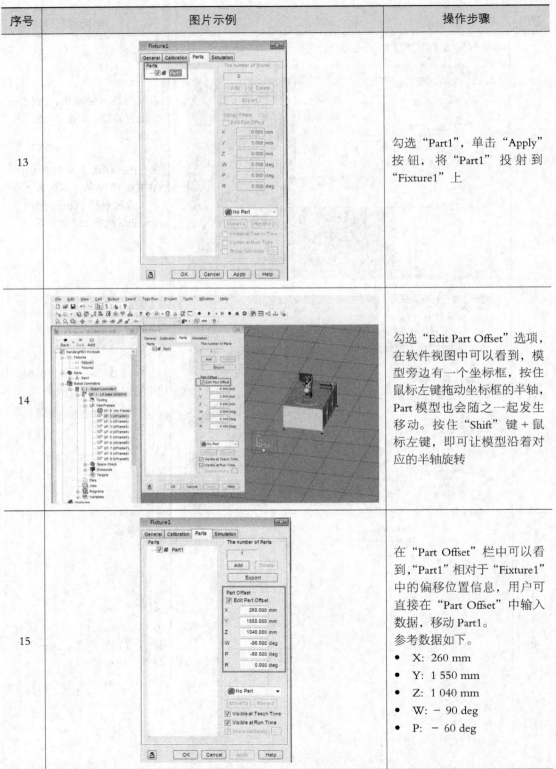

续表

序号	图片示例	操作步骤
16	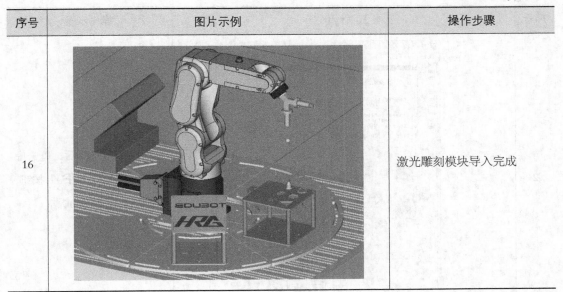	激光雕刻模块导入完成

4.3 坐标系创建

微课视频

坐标系创建

本章使用的工具坐标系与第3章相同，详见3.3.1节，均为EDUBOT-Y型夹具的激光发射器，因此不再重复创建。

4.3.1 调整机器人姿态

修改机器人的轴姿态，使工具坐标系的Z轴方向竖直向下，防止机器人在快捷捕捉到达点位时，出现奇异点及轴姿态上的错误。具体操作步骤见表4-2。

表4-2 机器人姿态调整步骤

序号	图片示例	操作步骤
1		单击菜单栏中"▢"按钮，打开虚拟示教器

续表

序号	图片示例	操作步骤
2		打开虚拟示教器后，单击虚拟示教器右侧"iP"按钮，切换虚拟示教器的版本
3		虚拟示教器打开完成
4		单击虚拟示教器下方的"Current Position"选项

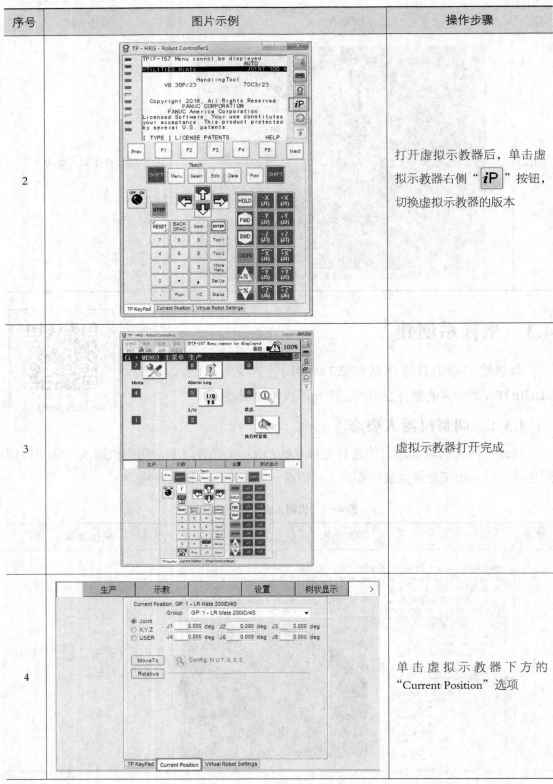

续表

序号	图片示例	操作步骤
5		按照左图中数据修改每个轴的角度信息，单击下方的"Move To"按钮。 图中所需修改数据如下。 • J4：-45 deg • J5：-90 deg • J6：90 deg
6		此时机器人姿态调整完毕
7		单击"TP KeyPad"选项，将虚拟示教器切换回来

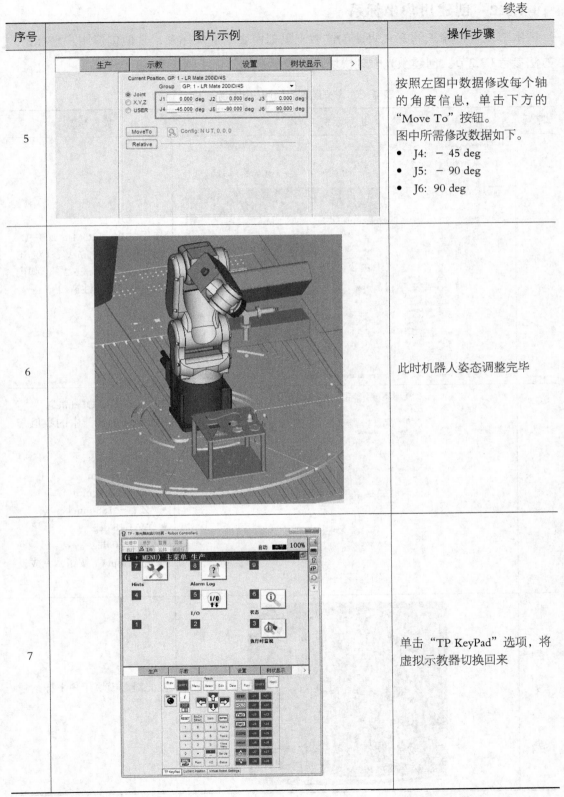

4.3.2 创建用户坐标系

本节以直接输入的方式快捷创建激光雕刻模块用户坐标系，其他创建用户坐标系的方法参考3.3.2节。创建激光雕刻模块用户坐标系的具体步骤见表4-3。

表4-3 激光雕刻模块用户坐标系创建步骤

序号	图片示例	操作步骤
1		打开"GP:1-LR Mate 200-iD/4S"/"UserFrames"，双击"UF：2（UFrame 2）"，弹出用户坐标系属性窗口
2		勾选"Edit UFrame"，将"UFrame Data"中的数值修改为左图所示。 所需修改数据如下。 • X：135 mm • Y：－430 mm • Z：－188 mm • W：18 deg • R：30 deg 单击"Apply"按钮，完成设置
3		激光雕刻模块用户坐标系创建完成

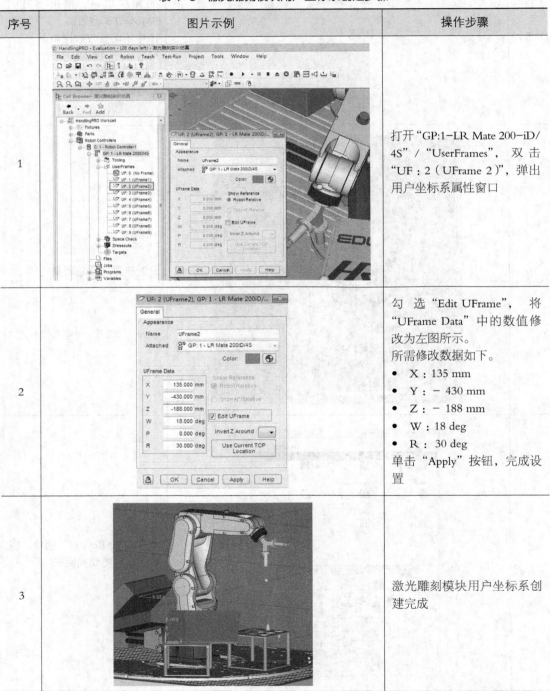

4.4 激光雕刻路径创建

本次激光雕刻实训仿真中，需要创建运动路径，其具体操作步骤见表4-4。

微课视频
激光雕刻路径创建

表 4-4 运动路径创建步骤

序号	图片示例	操作步骤
1		单击菜单栏上的"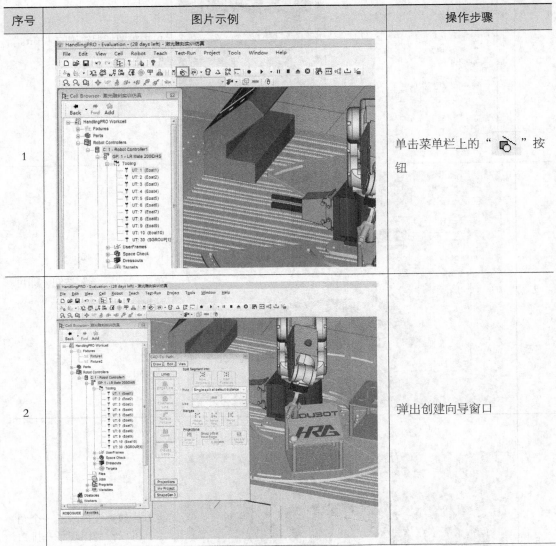"按钮
2		弹出创建向导窗口

续表

序号	图片示例	操作步骤
3		单击需要捕捉轨迹的"Part。"向导窗口变色
4		单击" Edge Line "按钮，即可捕捉模型边缘线
5		将鼠标放置在模型的一个角点，可以看到出现了一排白色的竖线。此时单击角点，完成第一条轨迹线的捕捉

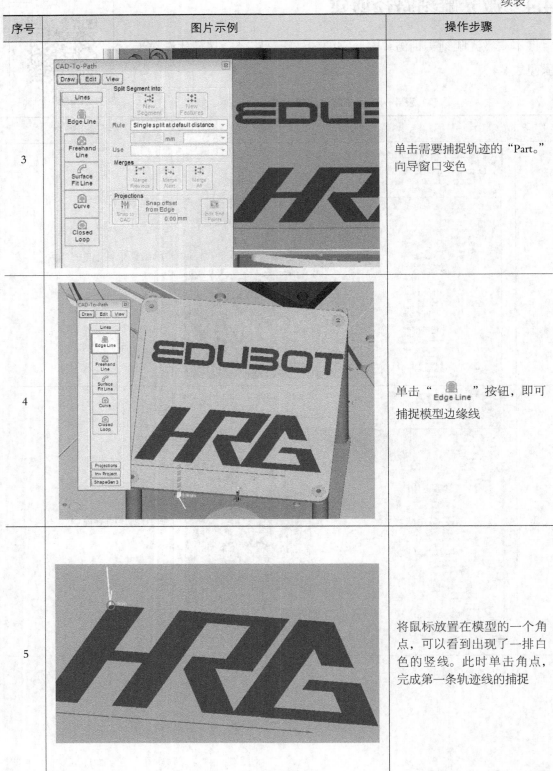

续表

序号	图片示例	操作步骤
6	 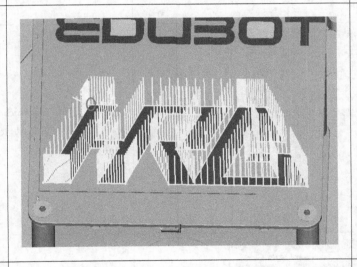	如左图所示，依次捕捉模型的角点
7	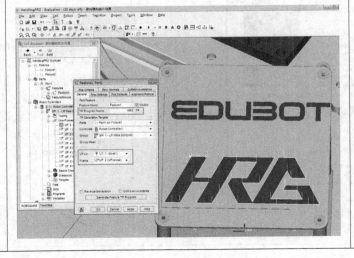	在最后一个点处，双击完成捕捉
8		完成捕捉后，弹出一个向导窗口。修改程序名称为"HRG"，在窗口下方选择用到的工具坐标系和用户坐标系

续表

序号	图片示例	操作步骤
9	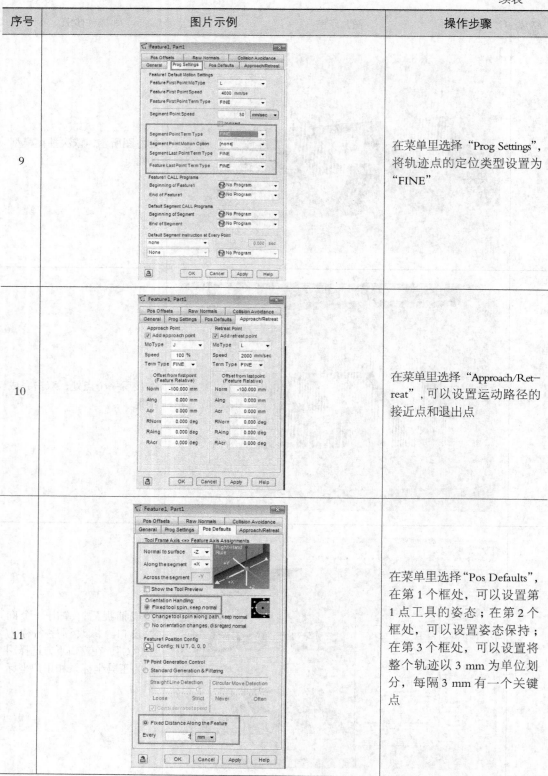	在菜单里选择"Prog Settings",将轨迹点的定位类型设置为"FINE"
10		在菜单里选择"Approach/Retreat",可以设置运动路径的接近点和退出点
11		在菜单里选择"Pos Defaults",在第1个框处,可以设置第1点工具的姿态;在第2个框处,可以设置姿态保持;在第3个框处,可以设置将整个轨迹以3 mm为单位划分,每隔3 mm有一个关键点

第4章 激光雕刻实训仿真

续表

序号	图片示例	操作步骤
12		在"Pos Defaults"菜单里,勾选"Show the Tool Preview",可以预览机器人在第1点时的工具姿态
13		返回"General"菜单,单击"Generate Feature TP Program"按钮,生成机器人程序
14		单击"是"按钮

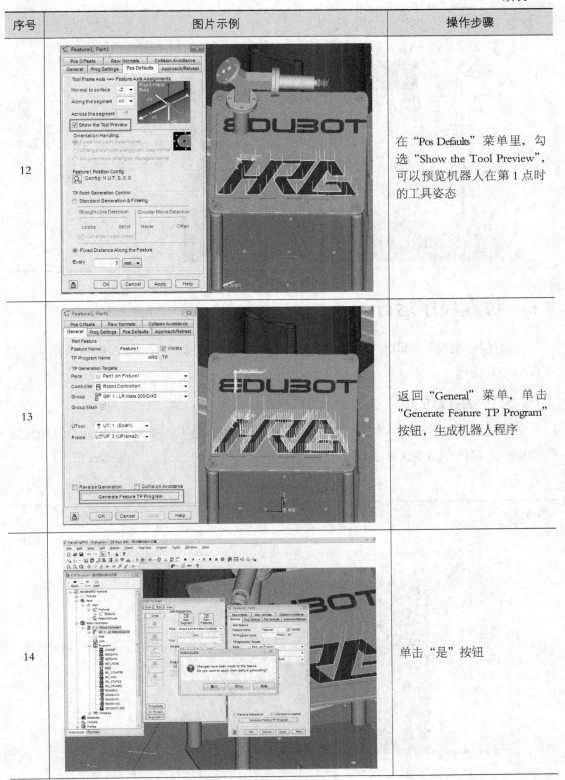

续表

序号	图片示例	操作步骤
15	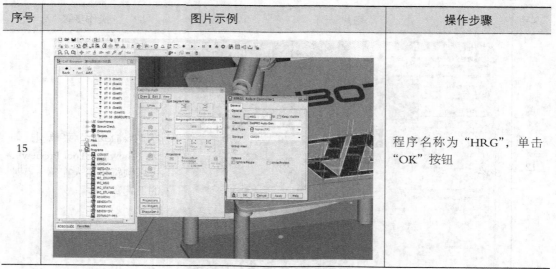	程序名称为"HRG",单击"OK"按钮

4.5 仿真程序运行

完成路径创建后,即可进行仿真调试。当所有操作完成,用户可以保存工作站,方便以后随时使用。

4.5.1 运行仿真

仿真运行可以让机器人执行当前程序,沿着示教好的路径移动,在ROBOGUIDE软件中运行仿真程序的步骤见表4-5。

表4-5 仿真程序运行步骤

序号	图片示例	操作步骤
1		单击" ▶││ "运行面板按钮,打开运行面板窗口

第4章 激光雕刻实训仿真

续表

序号	图片示例	操作步骤
2	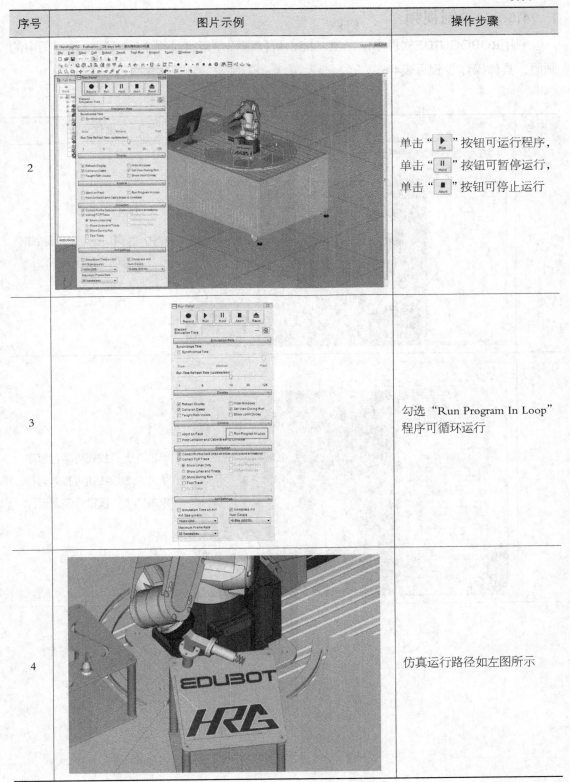	单击" ▶ Run "按钮可运行程序，单击" ‖ Hold "按钮可暂停运行，单击" ■ Abort "按钮可停止运行
3		勾选"Run Program In Loop"程序可循环运行
4		仿真运行路径如左图所示

4.5.2 录制视频

利用ROBOGUIDE软件中的录制功能，可以在程序运行过程中，录制软件视图中的画面，具体操作步骤见表4-6。

表 4-6 录制视频步骤

序号	图片示例	操作步骤
1		单击"▶∥■"运行面板按钮，打开运行面板窗口
2		单击"▶"按钮可运行程序，单击"∥"按钮可暂停运行，单击"■"按钮可停止运行

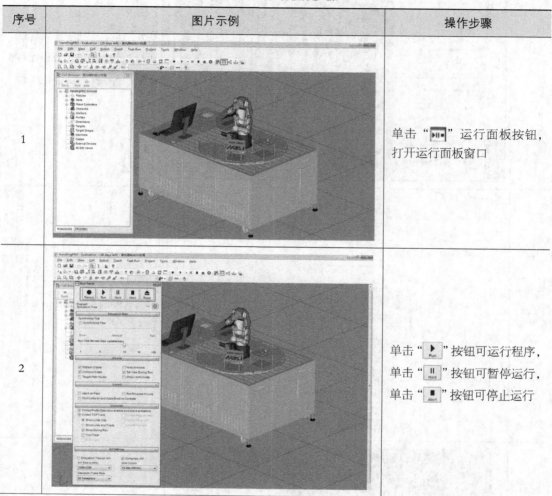

第4章 激光雕刻实训仿真

续表

序号	图片示例	操作步骤
3		在"AVI Size（pixels）"中可选择录制视频的分辨率
4		视频录制完成后，弹出窗口中会显示视频存放路径 C:\Users\Administrator\Documents\My Workcells\ 激光雕刻实训仿真\AVIs，单击"OK"按钮，关闭窗口
5		打开上面的存放路径，即可找到所录制的视频文件

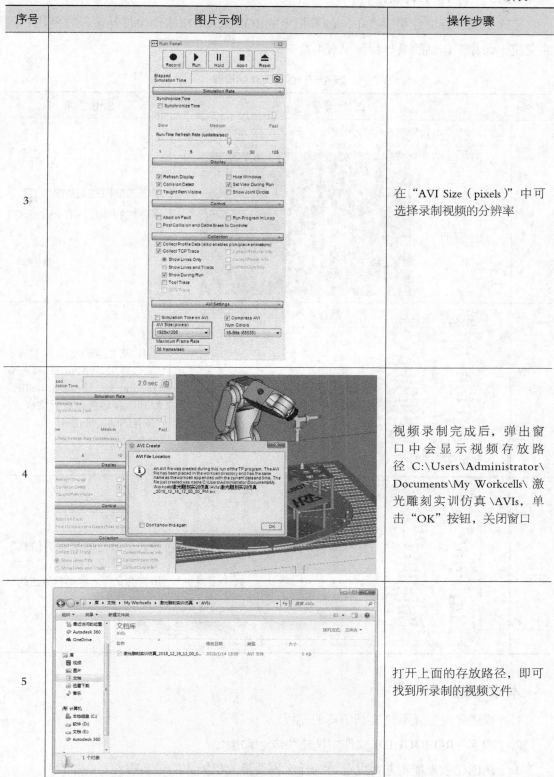

4.5.3 保存工作站

工作站的保存文件可以在不同计算机上的ROBOGUIDE软件中打开，以方便用户间的交流。保存工作站的具体步骤见表4-7。

表4-7 保存工作站步骤

序号	图片示例	操作步骤
1		单击菜单栏左上角的"🖫"保存按钮即可保存整个工作站
2		工作站的默认存放路径为 C:\Users\Administrator\Documents\My Workcells，打开路径后可以看到文件夹"激光雕刻实训仿真"
3		打开"激光雕刻实训仿真"文件夹后即可看到，工作站所有的文件内容都存放在此

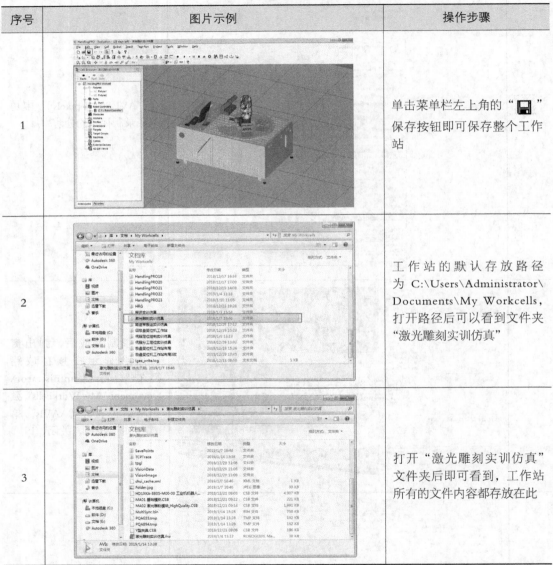

本章习题

1. 简述完成激光雕刻实训仿真的流程。
2. 如何在ROBOGUIDE软件中快速生成运动指令？
3. 在创建激光雕刻路径之前，为什么需要修改机器人的轴姿态？

第5章
输送带搬运实训仿真

本章介绍异步输送带搬运离线仿真,任务是仿真控制输送带运动以及机器人搬运输送带上的工件。异步输送带模块通过异步电机驱动皮带,端部单射光电开关感应到工件并反馈,如图5-1所示。要完成本实训仿真,需要进行搬运工件导入、异步输送带模块导入及安装、坐标系创建、输送带搬运路径创建、仿真程序运行这5个部分的操作。

通过本章节的学习,读者可以掌握以下内容。

- Machine属性下的模型具有的功能
- 虚拟电机创建
- 虚拟电机控制
- 仿真程序的编写
- TP程序与仿真程序的关联使用

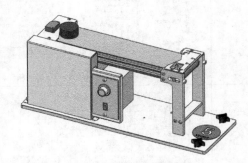

图5-1 MA05异步输送带模块

5.1 路径规划

本节将实现通过输送带将工件从P5点移送到P3点,然后机器人对工件进行抓取,经过P2、P4点搬运到P5点。如果工件一直没有被运送到P3点,机器人将一直在P2点等待。

路径规划:初始点P1→工件抬起点P2→工件拾取点P3→工件抬起点P2→工件抬起点P4→工件拾取点P5→工件抬起点P4→初始点P1,如图5-2所示。

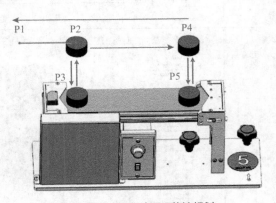

图5-2 程序运行流程及轨迹规划

5.2 搬运工件导入

本章基于第4章的工作站建立仿真任务,所以不再重复演示创建新工作站、导入实训平台、安装机器人本体等操作步骤。若用户希望重新创建工作站完成本章的实训仿真任务,只需参照3.1节搭建工作站即可。

要完成本章内容,除了需要导入前面章节的工作站文件,还需对工具进行一定的修改,其操作步骤见表5-1。

表5-1 工作站文件导入步骤

序号	图片示例	操作步骤
1		工作站的默认存放路径为 C:\Users\Administrator\Documents\My Workcells,打开路径后找到文件夹"激光雕刻实训仿真"
2		打开"激光雕刻实训仿真"文件夹后,找到工作站图标"", 双击"激光雕刻实训仿真"打开工作站
3		打开工作站后,单击菜单栏上的"File"/"Save Cell '激光雕刻实训仿真' As"

第5章 输送带搬运实训仿真

续表

序号	图片示例	操作步骤
4		输入工作站名称"输送带搬运实训仿真"。单击"OK"按钮,创建工作站
5		打开工作站后,左侧的"Cell Browser– 输送带搬运实训仿真"菜单,找到"Parts"选项
6		右击"Part"选项,在弹出的菜单中,选择"Add Part"/"Single CAD File",即添加一个外部模型作为工件

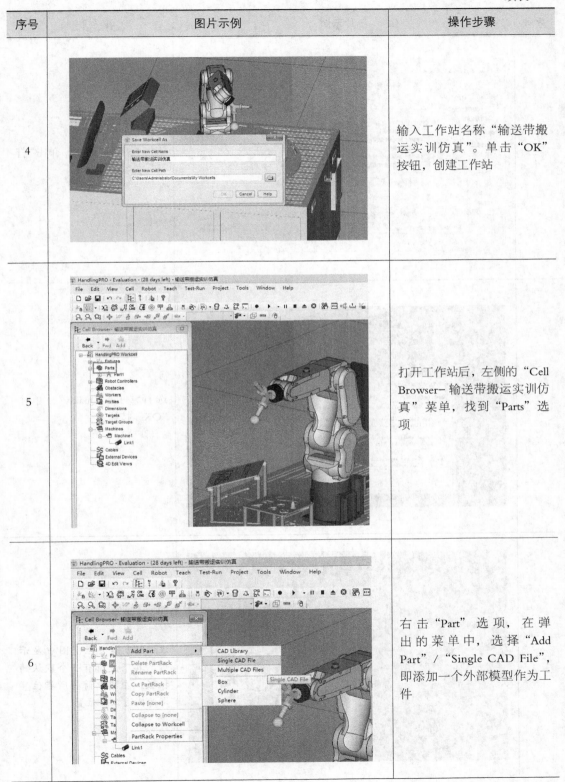

续表

序号	图片示例	操作步骤
7		选择"搬运工件.igs"单击"打开"按钮
8		选择"High Quality",单击"OK"按钮
9		搬运工件导入完成 注：Part模块在视图中显示后，其下方都有一个默认的托板。左图中箭头所指位置即为搬运工件位置

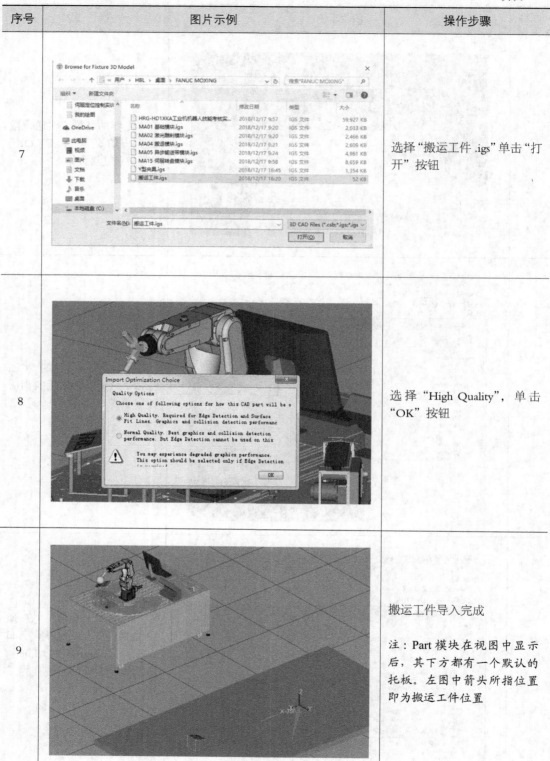

序号	图片示例	操作步骤
10	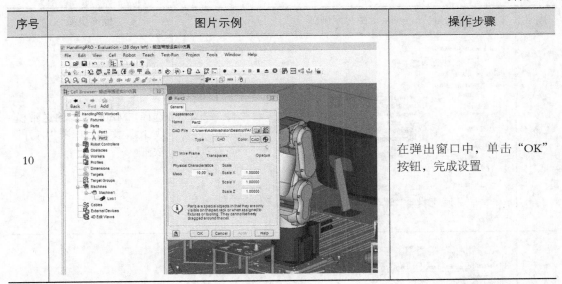	在弹出窗口中，单击"OK"按钮，完成设置

5.3 异步输送带模块导入与安装

本节使用异步输送带模块，该模块的文件需要自行准备。异步输送带模块的导入与安装操作步骤见表5-2。

微课视频

异步输送带模块导入与安装

表 5-2 异步输送带模块的导入与安装步骤

序号	图片示例	操作步骤
1		选择"Machines"，右击选择"Add Machine"/"CAD File"

第5章 输送带搬运实训仿真

续表

序号	图片示例	操作步骤
5	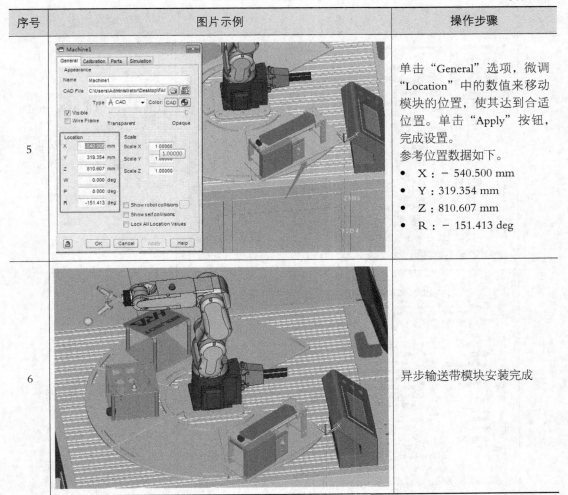	单击"General"选项，微调"Location"中的数值来移动模块的位置，使其达到合适位置。单击"Apply"按钮，完成设置。 参考位置数据如下。 ● X：-540.500 mm ● Y：319.354 mm ● Z：810.607 mm ● R：-151.413 deg
6		异步输送带模块安装完成

5.4 坐标系创建

工作站创建完成后可以创建相关的坐标系，为后续的编程示教操作做准备。

微课视频

坐标系创建

5.4.1 工具坐标系创建

本章所用工具为Y型夹具中的吸盘，为了与之前的工具区分，采用UT2工具号表示。吸盘工具坐标系的具体创建步骤见表5-3。

表 5-3 吸盘工具坐标系创建步骤

序号	图片示例	操作步骤
1	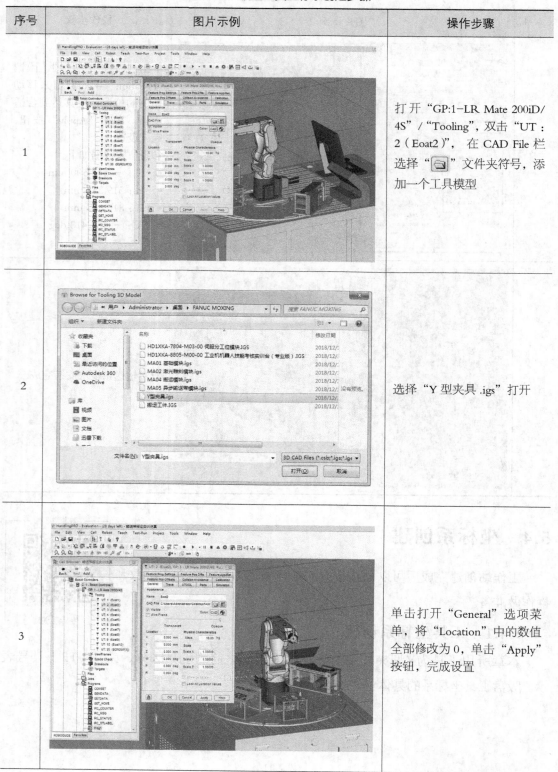	打开 "GP:1–LR Mate 200iD/4S" / "Tooling",双击 "UT：2(Eoat2)",在 CAD File 栏选择 "📁" 文件夹符号,添加一个工具模型
2		选择 "Y 型夹具.igs" 打开
3		单击打开 "General" 选项菜单,将 "Location" 中的数值全部修改为 0,单击 "Apply" 按钮,完成设置

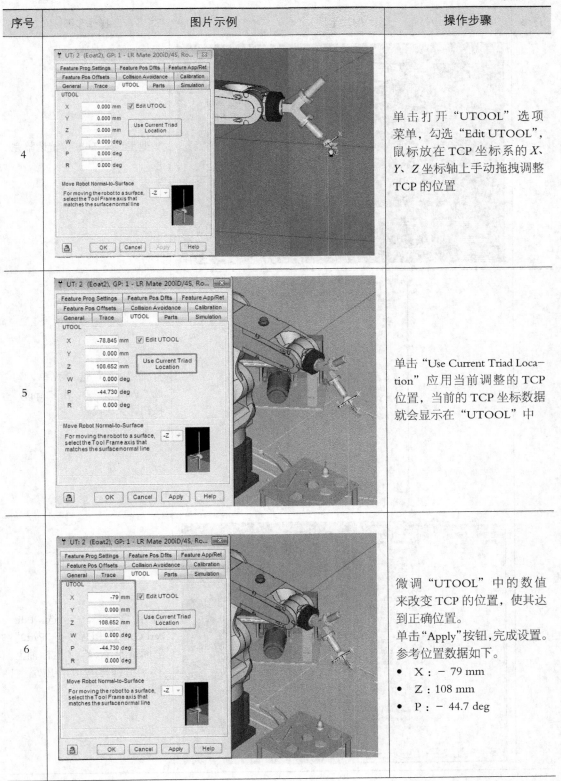

序号	图片示例	操作步骤
7		Y型工具及TCP位置调整完成
8		打开"Parts"选项菜单，勾选"Part2"，单击"Apply"按钮，完成设置
9		选中"Part2"，勾选"Edit Part Offset"，鼠标放在"Part2"坐标系的 X、Y、Z 坐标轴上手动拖拽调整 Part2 的位置

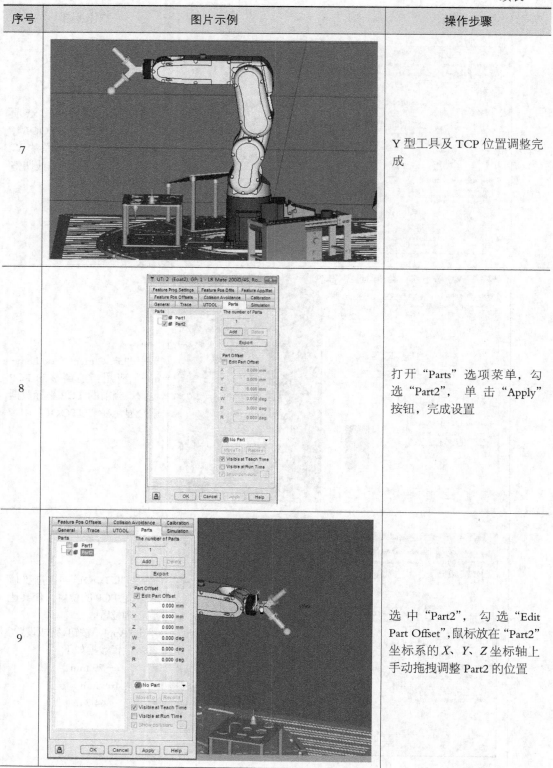

续表

序号	图片示例	操作步骤
10	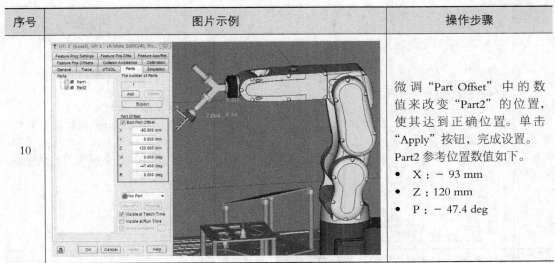	微调"Part Offset"中的数值来改变"Part2"的位置，使其达到正确位置。单击"Apply"按钮，完成设置。Part2 参考位置数值如下。 • X：−93 mm • Z：120 mm • P：−47.4 deg

5.4.2 用户坐标系创建

本节以直接输入的方式快捷创建异步输送带模块用户坐标系，其他创建用户坐标系的方法参考3.3.2节。异步输送带模块用户坐标系创建的具体步骤见表5-4。

表 5-4 异步输送带模块用户坐标系创建步骤

序号	图片示例	操作步骤
1		打开"GP:1−LR Mate 200iD/4S"/"UserFrames"，双击"UF：3（UFrame3）"，打开用户坐标系属性窗口

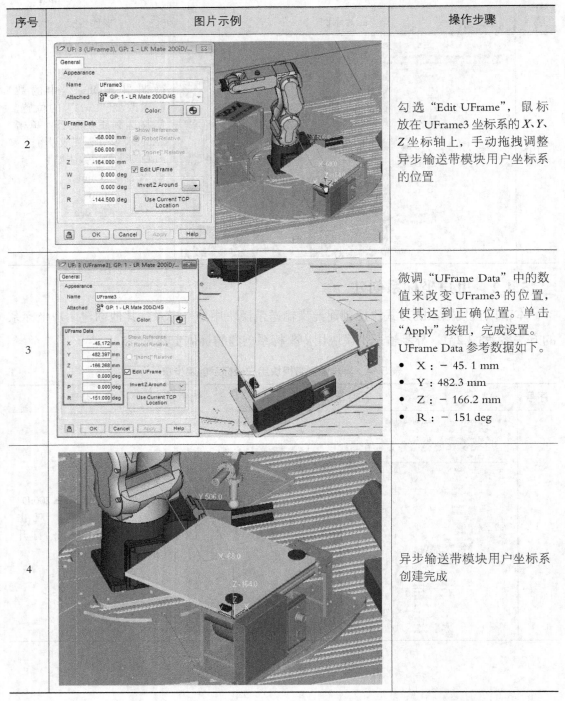

序号	图片示例	操作步骤
2		勾选"Edit UFrame",鼠标放在 UFrame3 坐标系的 X、Y、Z 坐标轴上,手动拖拽调整异步输送带模块用户坐标系的位置
3		微调"UFrame Data"中的数值来改变 UFrame3 的位置,使其达到正确位置。单击"Apply"按钮,完成设置。UFrame Data 参考数据如下。 • X:-45.1 mm • Y:482.3 mm • Z:-166.2 mm • R:-151 deg
4		异步输送带模块用户坐标系创建完成

5.5 输送带搬运路径创建

在本次实例中,需要实现异步输送带输送工件的运行动画效果,在ROBOGUIDE软件中利用虚拟电机来实现这个动画效果。

5.5.1 创建虚拟电机

创建虚拟电机的详细操作步骤见表5-5。

表 5-5 虚拟电机创建步骤

序号	图片示例	操作步骤
1		打开"Machines",右击"Machine1"/"Add Link"/选择"Box",打开属性窗口
2		"Box"创建完成,并弹出属性窗口

续表

序号	图片示例	操作步骤
3	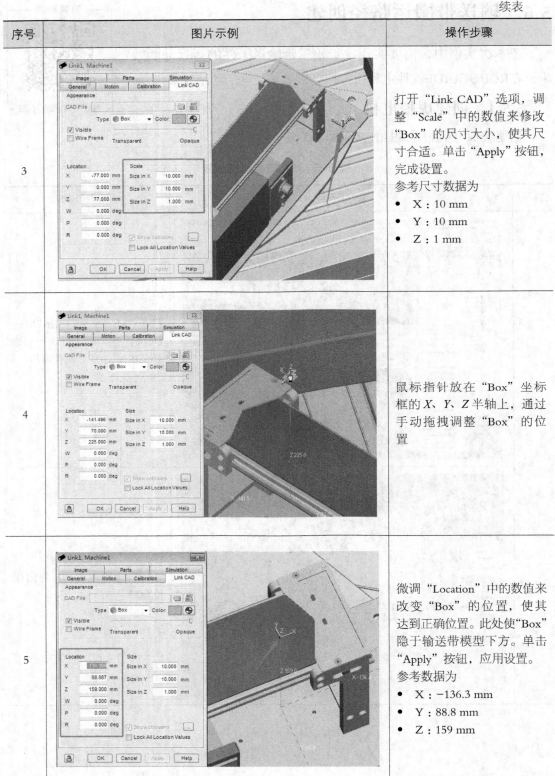	打开"Link CAD"选项，调整"Scale"中的数值来修改"Box"的尺寸大小，使其尺寸合适。单击"Apply"按钮，完成设置。 参考尺寸数据为 • X：10 mm • Y：10 mm • Z：1 mm
4		鼠标指针放在"Box"坐标框的 X、Y、Z 半轴上，通过手动拖拽调整"Box"的位置
5		微调"Location"中的数值来改变"Box"的位置，使其达到正确位置。此处使"Box"隐于输送带模型下方。单击"Apply"按钮，应用设置。 参考数据为 • X：−136.3 mm • Y：88.8 mm • Z：159 mm

续表

序号	图片示例	操作步骤
6	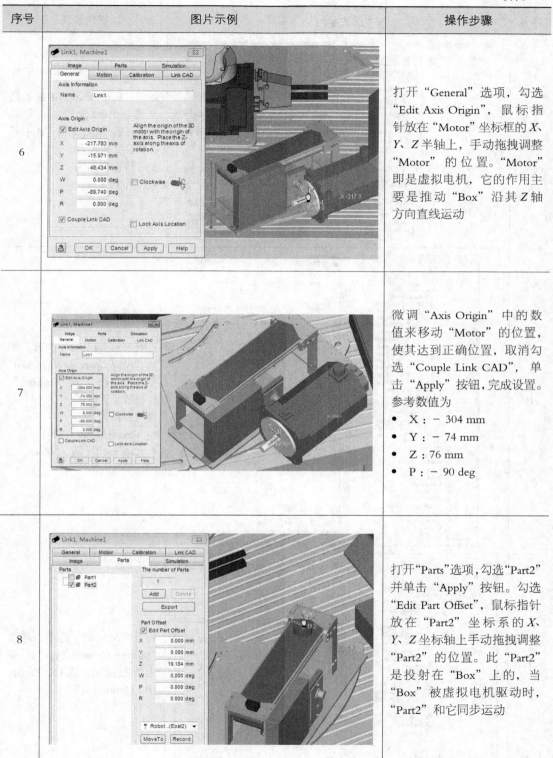	打开"General"选项，勾选"Edit Axis Origin"，鼠标指针放在"Motor"坐标框的 X、Y、Z 半轴上，手动拖拽调整"Motor"的位置。"Motor"即是虚拟电机，它的作用主要是推动"Box"沿其 Z 轴方向直线运动
7		微调"Axis Origin"中的数值来移动"Motor"的位置，使其达到正确位置，取消勾选"Couple Link CAD"，单击"Apply"按钮，完成设置。参考数值为 • X：−304 mm • Y：−74 mm • Z：76 mm • P：−90 deg
8		打开"Parts"选项，勾选"Part2"并单击"Apply"按钮。勾选"Edit Part Offset"，鼠标指针放在"Part2"坐标系的 X、Y、Z 坐标轴上手动拖拽调整"Part2"的位置。此"Part2"是投射在"Box"上的，当"Box"被虚拟电机驱动时，"Part2"和它同步运动

109

续表

序号	图片示例	操作步骤
9		微调"Part Offset"中的数值来调整Part2的位置，使其达到正确位置，单击"Apply"按钮，完成设置。 参考位置数据为 • Z：19.1 mm
10		打开"Simulation"选项，勾选"Allow part to be picked"与"Allow part to be placed"，并修改延迟时间。 参考数据为 • Create Delay：300 sec • Destroy Delay：300 sec
11		打开"Motion"选项，单击"Motion Control Type"，弹出下拉选项，选择"Device I/O Controlled"

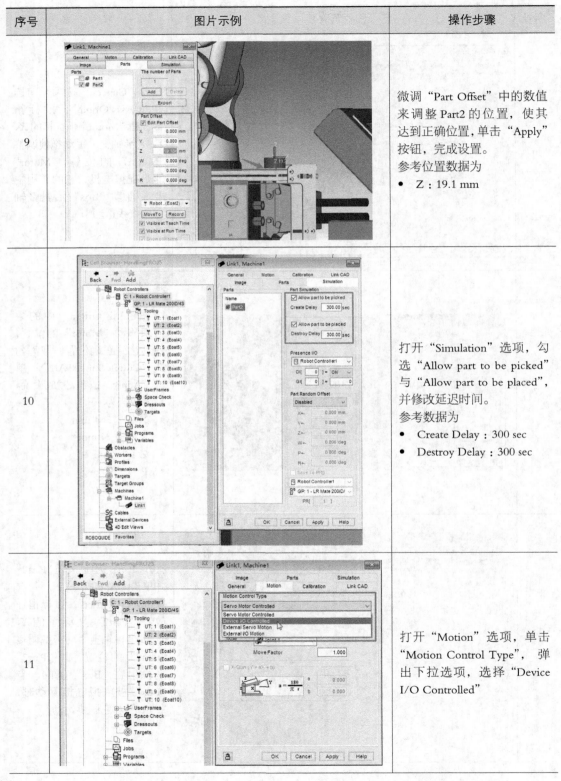

第5章 输送带搬运实训仿真

续表

序号	图片示例	操作步骤
12		勾选"Linear","Speed"下拉框中选择"Speed",此处需要设置"Part2"在异步输送带上的来回直线速度,为了使"Part2"很快的返回到起始点,需将返回速度设置的很大。 参考速度设置为 ● ➡ :100 mm/sec ● ⬅ :10 000 mm/sec
13		双击"none",选择"Robot Controller1"
14		"Inputs"与"Outputs"设置如左图所示,单击"OK"按钮,完成设置。当DO[1]=ON时,"Box"将沿"Motor" Z 轴正方向以100 mm/sec的速度运动至230 mm处,此时DI[1]输出高电平;同理,"Box"以此原理返回并且DI[2]输出高电平

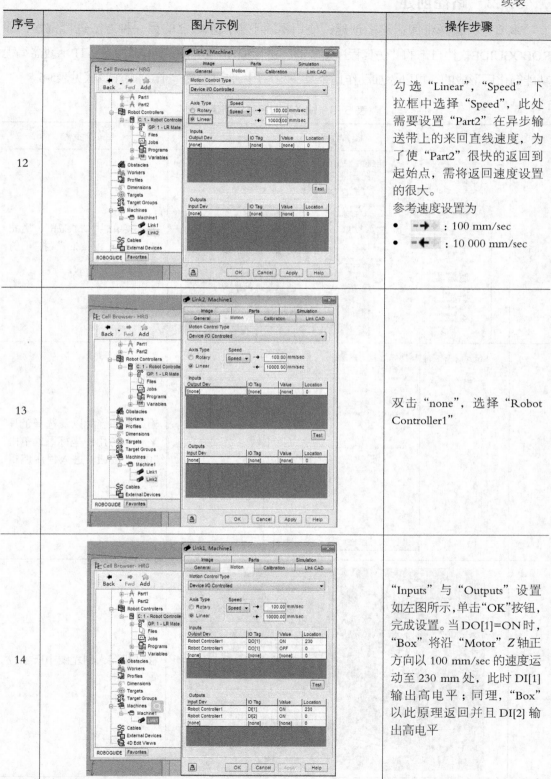

5.5.2 路径创建

本节进行输送带搬运路径创建，使用不同于虚拟示教器的另一种方法进行编程，即ROBOGUIDE软件自带的"仿真程序编辑器"进行编程。仿真程序编辑器是将TP示教器编程功能简化后形成的，可以添加动作指令及一些常用控制指令等。详细操作步骤见表5-6。

表5-6 输送带搬运路径创建步骤

序号	图片示例	操作步骤
1	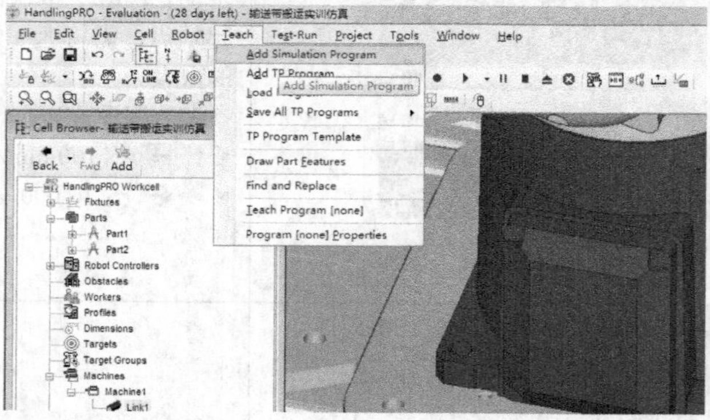	单击菜单栏中"Teach"/"Add Simulation Program"打开仿真程序编辑器
2	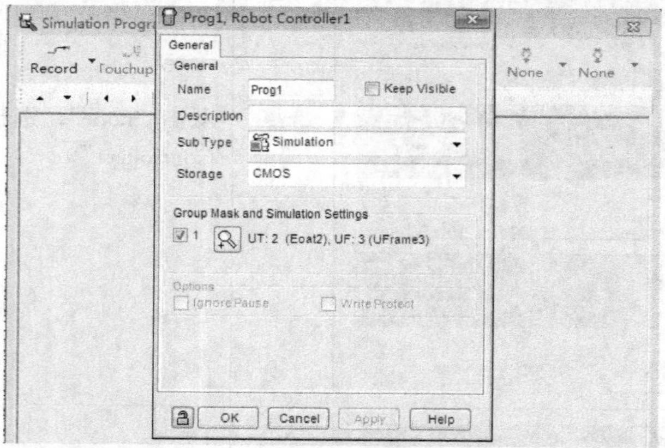	输入程序名称以及选择工具坐标系与用户坐标系，单击"OK"按钮，进入程序编辑画面
3		移动机器人到左图中所示位置

第5章 输送带搬运实训仿真

续表

序号	图片示例	操作步骤
4		单击"Record"的下拉菜单，选择运动方式，记录点1
5		点1记录完成，可修改其运动方式、运动速度等，此处默认选择，单击"🔍"即可收起
6		通过示教器移动"TCP"到左图中所示位置

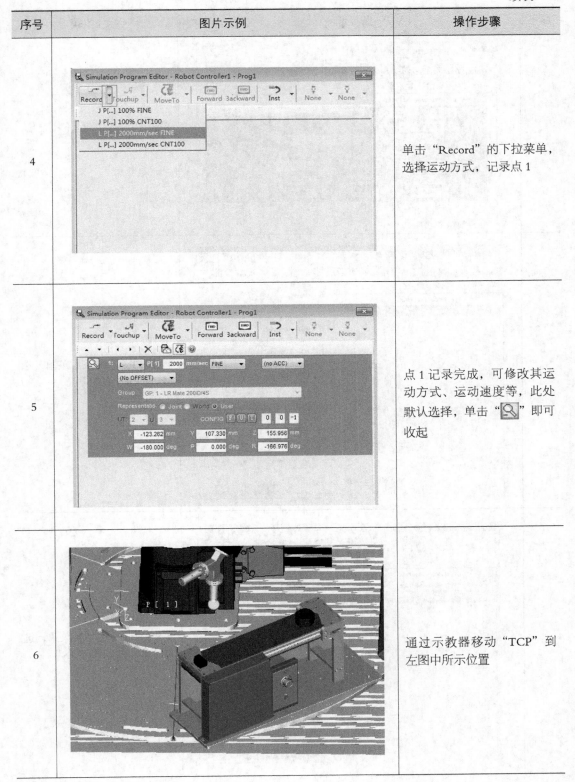

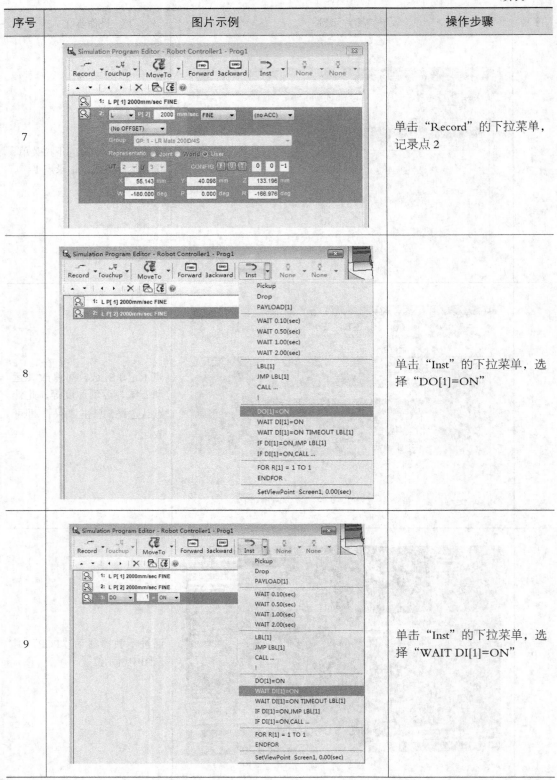

序号	图片示例	操作步骤
7		单击"Record"的下拉菜单，记录点2
8		单击"Inst"的下拉菜单，选择"DO[1]=ON"
9		单击"Inst"的下拉菜单，选择"WAIT DI[1]=ON"

第5章 输送带搬运实训仿真

续表

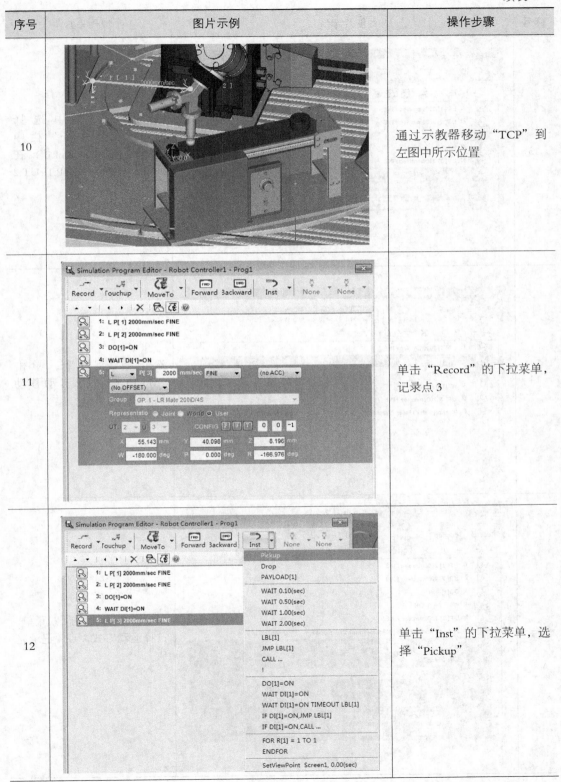

序号	图片示例	操作步骤
10		通过示教器移动"TCP"到左图中所示位置
11		单击"Record"的下拉菜单，记录点3
12		单击"Inst"的下拉菜单，选择"Pickup"

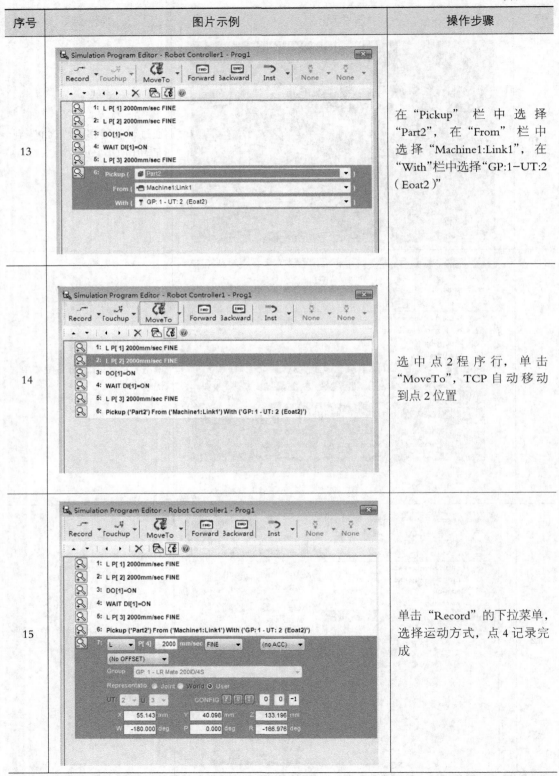

序号	图片示例	操作步骤
13		在"Pickup"栏中选择"Part2",在"From"栏中选择"Machine1:Link1",在"With"栏中选择"GP:1-UT:2（Eoat2）"
14		选中点2程序行,单击"MoveTo",TCP自动移动到点2位置
15		单击"Record"的下拉菜单,选择运动方式,点4记录完成

第5章 输送带搬运实训仿真

续表

序号	图片示例	操作步骤
16		通过示教器移动"TCP"到左图所示位置 注：工件初始位置的正上方
17		单击"Record"旁的下拉菜单，记录点5
18		单击"Inst"的下拉菜单，选择"DO[1]=ON"，在仿真编辑器中将指令修改为"DO[1]=OFF"

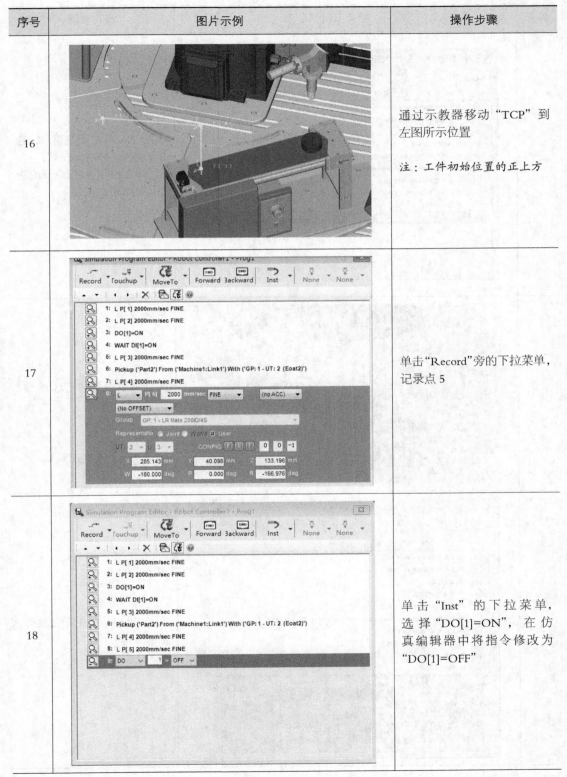

续表

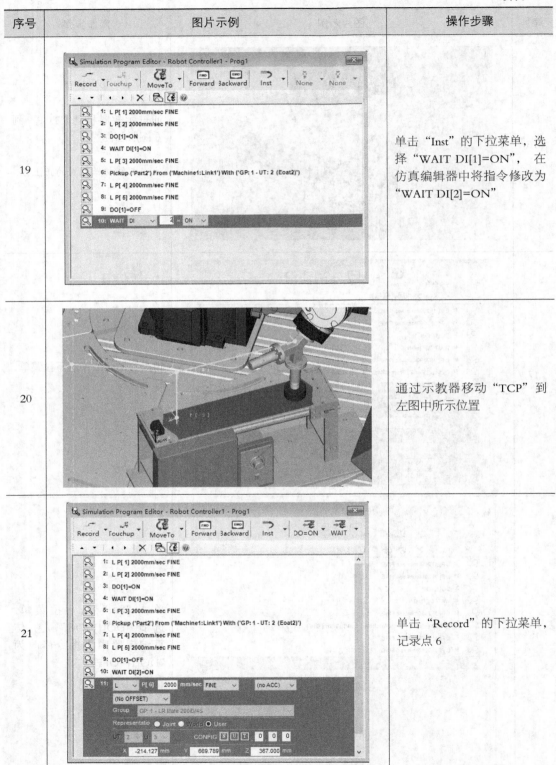

序号	图片示例	操作步骤
19		单击"Inst"的下拉菜单，选择"WAIT DI[1]=ON"，在仿真编辑器中将指令修改为"WAIT DI[2]=ON"
20		通过示教器移动"TCP"到左图中所示位置
21		单击"Record"的下拉菜单，记录点6

第5章 输送带搬运实训仿真

续表

序号	图片示例	操作步骤
22		单击"Inst"的下拉菜单,选择"Drop"指令。在"Drop"栏选择"Part2",在"From"栏选择"GP:1-UT:2(Eoat2)",在"On"栏选择"Machine1:Link1"
23		选中点5程序行,单击"MoveTo",TCP自动移动到点5位置
24		"TCP"移动到点5位置

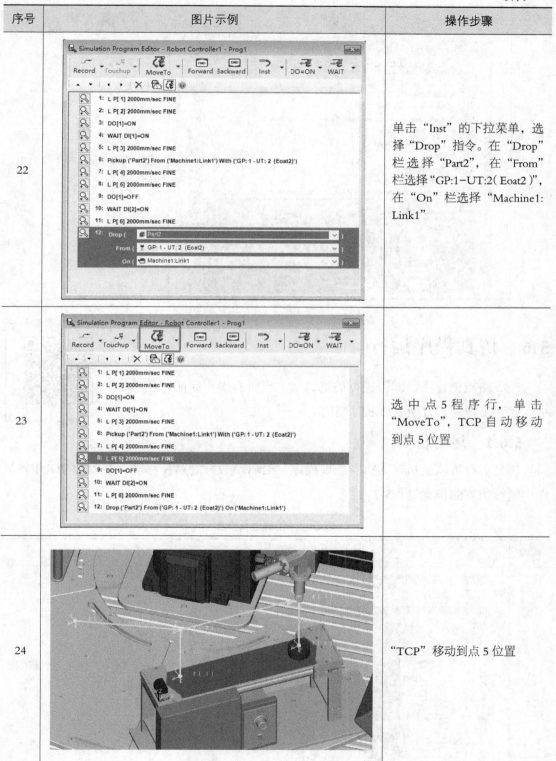

续表

序号	图片示例	操作步骤
25	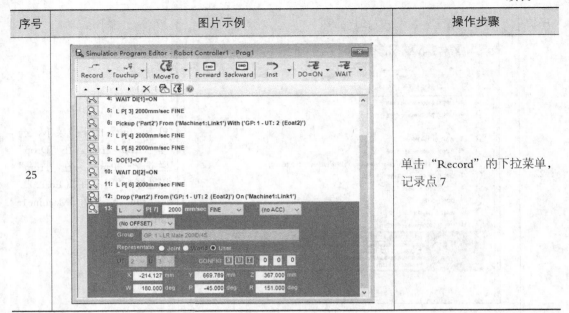	单击"Record"的下拉菜单，记录点7

5.6 仿真程序运行

完成路径创建后，即可进行仿真调试。当所有操作完成，用户可以保存工作站，方便以后随时使用。

微课视频

仿真程序运行

5.6.1 运行仿真

仿真运行可以让机器人执行当前程序，沿着示教好的路径移动，在ROBOGUIDE软件中运行仿真的步骤见表5-7。

表5-7 仿真运行步骤

序号	图片示例	操作步骤
1		单击"▶❙"按钮，打开运行面板窗口

第5章 输送带搬运实训仿真

续表

序号	图片示例	操作步骤
2		单击"▶"按钮可运行程序，单击"Ⅱ"按钮可暂停运行，单击"■"按钮可停止运行
3		勾选"Run Program In Loop"程序可循环运行
4		仿真运行路径如左图所示

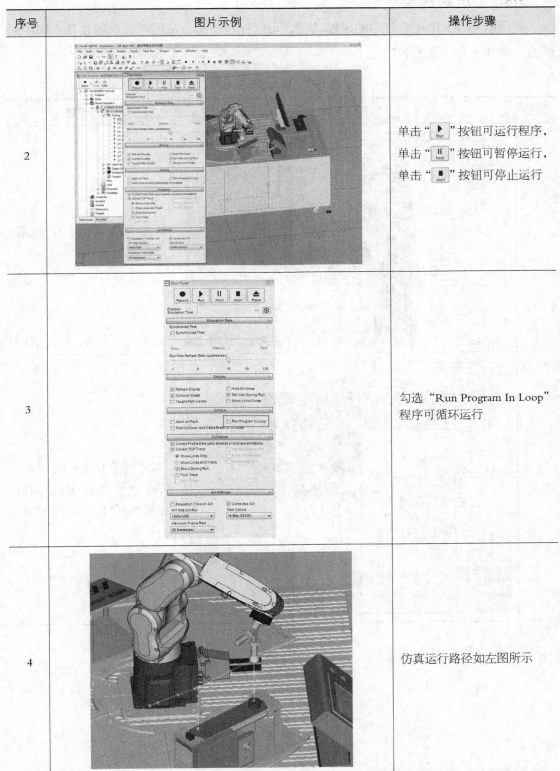

121

5.6.2 录制视频

利用ROBOGUIDE软件中的录制功能,可以在程序运行过程中,录制软件视图中的画面,具体操作步骤见表5-8。

表 5-8 录制视频步骤

序号	图片示例	操作步骤
1	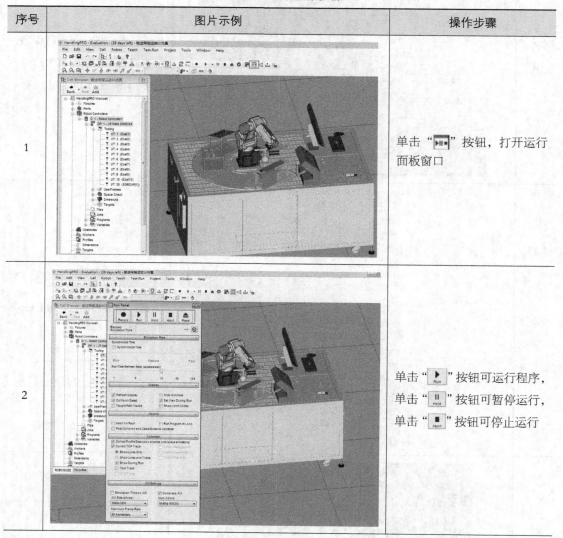	单击"▶❙❙"按钮,打开运行面板窗口
2		单击"▶"按钮可运行程序,单击"❙❙"按钮可暂停运行,单击"■"按钮可停止运行

第5章　输送带搬运实训仿真

续表

序号	图片示例	操作步骤
3		在"AVI Size（pixels）"中可选择录制视频的分辨率
4		视频录制完成后，弹出窗口中会显示视频存放路径 C:\Users\Administrator\Documents\My Workcells\ 输送带搬运实训仿真 \AVIs，单击"OK"按钮，关闭窗口
5		打开上面的路径，即可找到所录制的视频文件

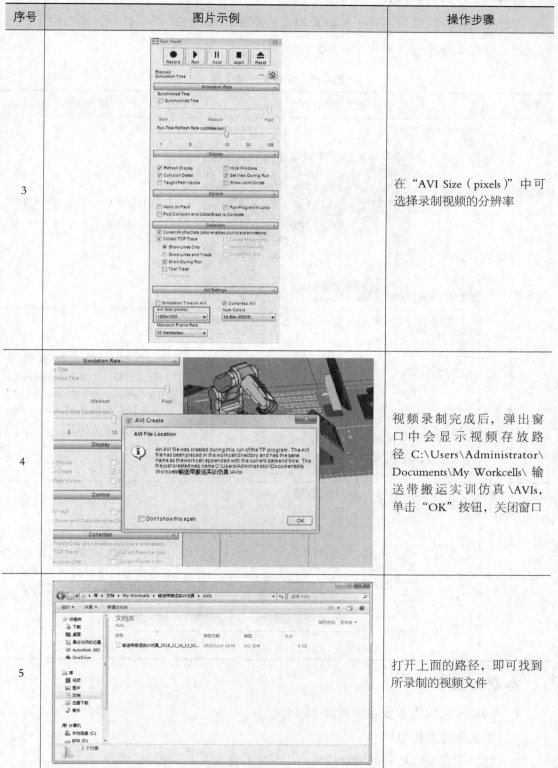

5.6.3 保存工作站

工作站的保存文件可以在不同计算机上的ROBOGUIDE软件中打开，以方便用户间的交流。保存工作站的具体步骤见表5-9。

表5-9 保存工作站步骤

序号	图片示例	操作步骤
1		单击菜单栏左上角的"💾"，即可保存整个工作站
2		工作站的默认存放路径为 C:\Users\Administrator\Documents\My Workcells，打开路径后可以看到文件夹"输送带搬运实训仿真"
3		打开"输送带搬运实训仿真"文件夹，即可看到工作站中所有的文件内容都存放在此

本章习题

1. 简述完成输送带搬运实训仿真的流程。
2. 如何创建虚拟电机？
3. 仿真程序编辑器有哪些功能？

第6章 码垛搬运实训仿真

本章进行搬运实训仿真,任务是在搬运模块上进行工件的搬运,示教一个位置,使用FANUC机器人的位置寄存器指令实现点位的偏移。搬运模块顶板上有9个(3行3列)圆形槽,各孔槽均有位置标号,如图6-1所示。要完成本实训仿真任务,需要进行搬运模块导入及安装、坐标系创建、码垛搬运路径创建、仿真程序运行共4个部分的操作。

通过本章节的学习,读者可以掌握以下内容。

- 不同属性模型的关联使用
- Part模块的镜像功能
- Part模块的仿真效果设置
- 位置寄存器的使用
- TP程序与仿真程序的熟练运用

图6-1 MA04搬运模块

6.1 路径规划

搬运实训仿真任务要求机器人利用吸盘工具将搬运工件从一个孔槽搬运到另一个孔槽上。为了实现搬运过程,本任务中搬运3个工件仅需要示教一个位置,并使用位置寄存器偏移使机器人可以到达其余位置。搬运效果如图6-2所示。

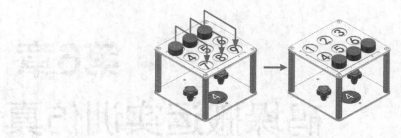

图6-2 码垛搬运实训任务

6.2 搬运模块导入及安装

本章基于第5章的工作站建立仿真任务,所以不再重复演示创建新工作站、导入实训平台、安装机器人本体等操作步骤。若用户希望重新创建工作站完成本章的实训仿真任务,只需参照3.1节搭建工作站即可。

微课视频

搬运模块导入及安装

要完成仿真任务,用户首先需要将涉及的机械模型加载到工作站中,搬运模块的导入及安装具体操作步骤见表6-1。

表6-1 搬运模块导入及安装步骤

序号	图片示例	操作步骤
1		工作站的默认存放路径为 C:\Users\Administrator\Documents\My Workcells,打开路径后找到文件夹"输送带搬运实训仿真"
2		打开"输送带搬运实训仿真"文件夹后,找到工作站图标"![]",双击"输送带搬运实训仿真",打开工作站

第6章 码垛搬运实训仿真

续表

序号	图片示例	操作步骤
3		打开工作站后,单击菜单栏上的"File"/"Save Cell'输送带搬运实训仿真'As"
4		输入工作站名称"码垛搬运实训仿真"。单击"OK"按钮,创建工作站
5		打开工作站后,在工作站左侧的"Cell Browser-搬运实训仿真"菜单栏中,找到"Fixtures"选项

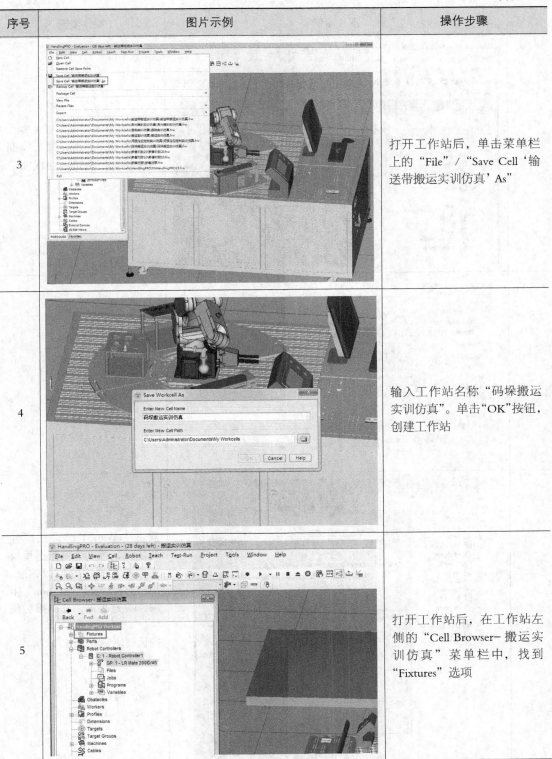

127

续表

序号	图片示例	操作步骤
6		鼠标右击"Fixtures"/"Add Fixture"/"Single CAD File"
7		选择"MA04 搬运模块.igs",单击打开
8		双击"Fixture4",进入属性对话框,可以看到搬运模块在虚拟世界中的位置信息。用户可直接在"Location"中输入位置数据,移动搬运模块。 搬运模块参考数据为 • X: 78 mm • Y: 303 mm • Z: 811 mm • R: −120 deg

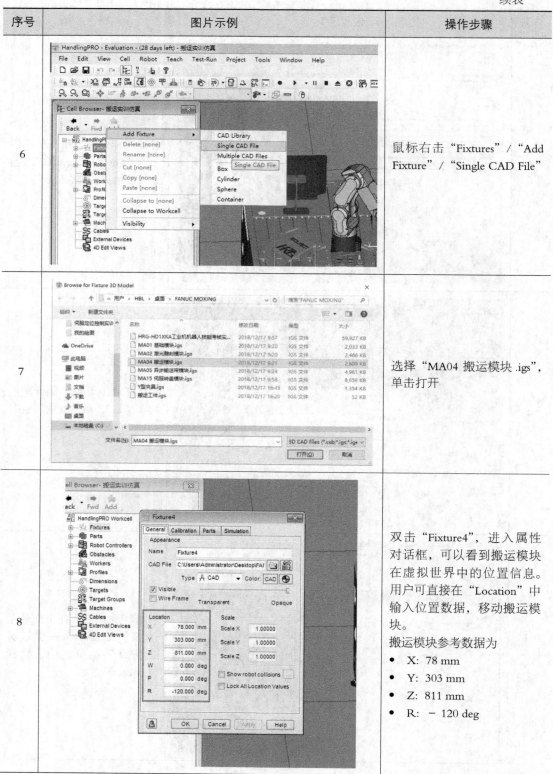

续表

序号	图片示例	操作步骤
9	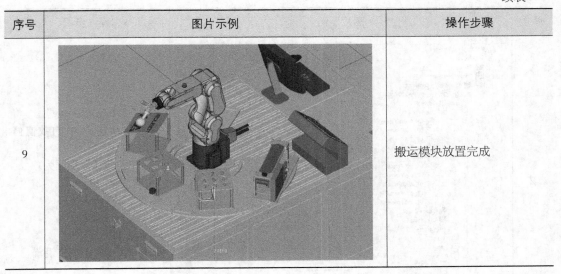	搬运模块放置完成

6.3 坐标系创建

微课视频

坐标系创建

工作站创建完成后可以创建相关的坐标系,为后续的编程示教操作做准备。本节使用工具为Y型夹具中的吸盘,与第5章所用工具相同,详见5.3.1节,故此处不再重复创建工具坐标系。

本节以直接输入的方式快捷创建搬运模块用户坐标系,其他创建用户坐标系的方法参考3.3.2节。搬运模块用户坐标系创建的具体步骤见表6-2。

表6-2 搬运模块用户坐标系创建步骤

序号	图片示例	操作步骤
1	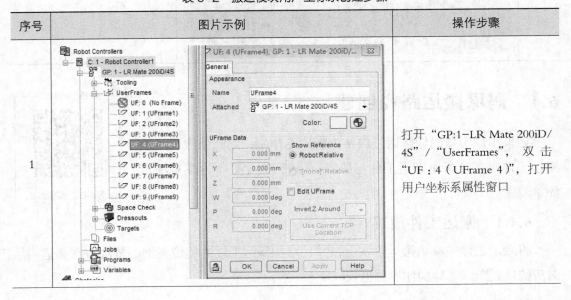	打开"GP:1-LR Mate 200iD/4S"/"UserFrames",双击"UF:4(UFrame 4)",打开用户坐标系属性窗口

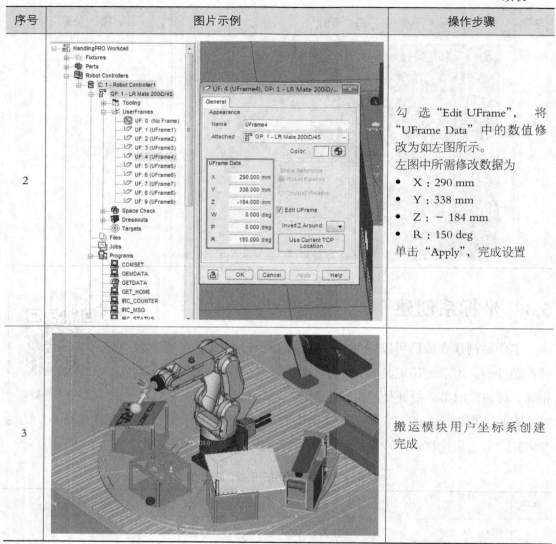

续表

序号	图片示例	操作步骤
2		勾选"Edit UFrame",将"UFrame Data"中的数值修改为如左图所示。 左图中所需修改数据为 ● X:290 mm ● Y:338 mm ● Z:−184 mm ● R:150 deg 单击"Apply",完成设置
3		搬运模块用户坐标系创建完成

6.4 码垛搬运路径创建

如果用户所做码垛搬运工作站为新建工作站,则此处应该添加搬运工件。本章所用搬运工件与第5章一致,故此处不再重复演示添加步骤。

码垛搬运路径创建（一）

6.4.1 搬运工件放置

将搬运工件关联到搬运模块上,并且增加搬运工件的镜像模型,依次放在搬运模块对应的位置上。具体操作步骤见表6-3。

第6章 码垛搬运实训仿真

表6-3 搬运工件放置步骤

序号	图片示例	操作步骤
1	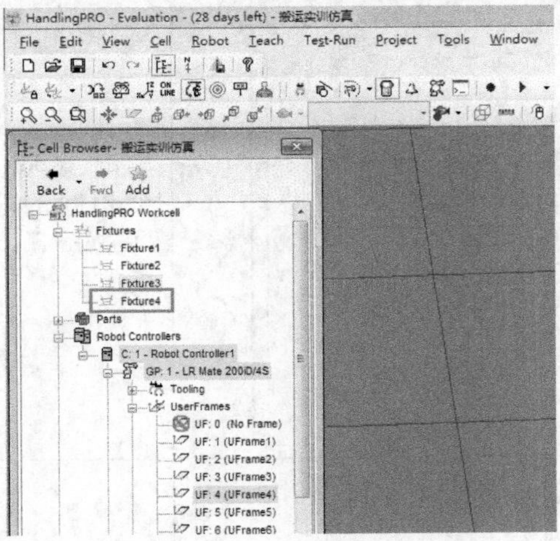	在工作站左侧的"Cell Browser-搬运实训仿真"菜单中,双击打开"Fixture4"的属性界面
2	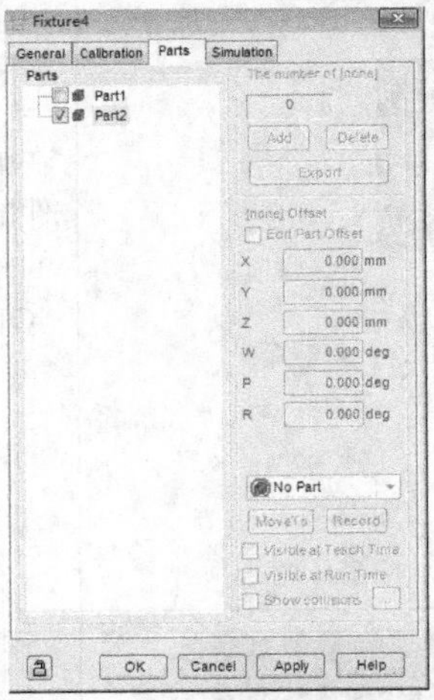	在属性界面中,打开"Parts"菜单,勾选"Part2",单击"Apply"按钮,应用设置
3	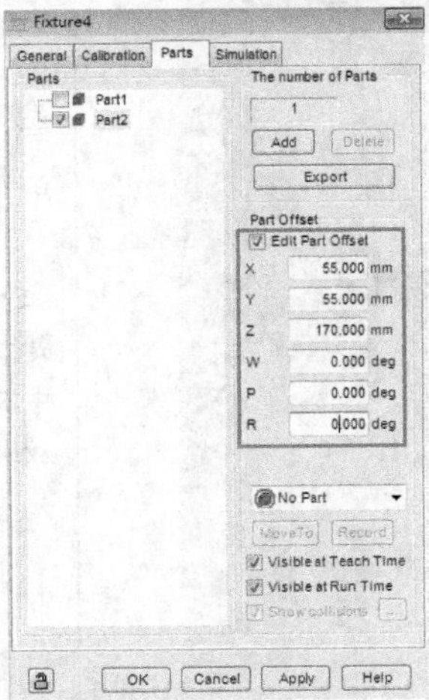	选中"Part2",勾选"Edit Part Offset",输入位置数据后,单击"Apply"按钮,应用设置。 左图中所需修改数据为 ● X: 55 mm ● Y: 55 mm ● Z: 170 mm

续表

序号	图片示例	操作步骤
4		单击"Add"按钮，添加多个相同的"Part2"工件在"Fixture4"上
5		在弹出窗口中，设置添加工件的数量，以及每个工件间的距离。设置完成后，单击"OK"按钮
6		完成后，效果如左图所示。单击"OK"按钮 注：左图中1、2、3号位置是机器人取料的位置；左图中7、8、9号位置是机器人放料的位置

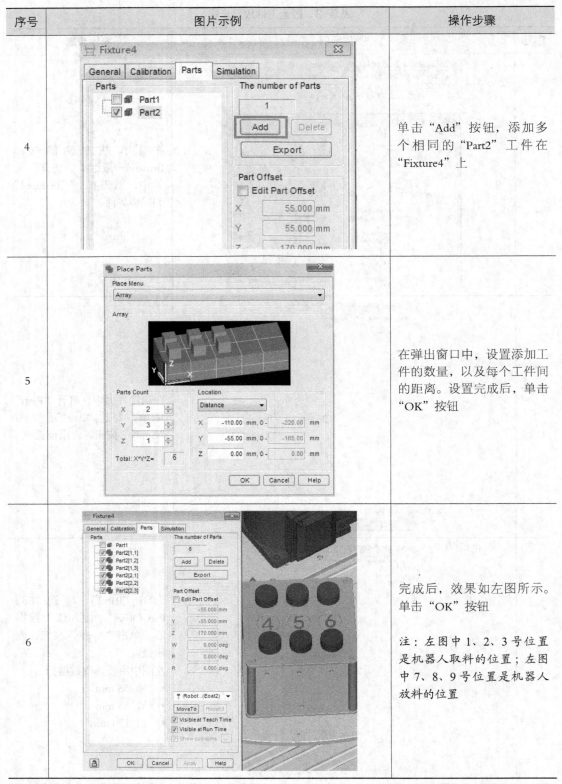

6.4.2 仿真设置

在实训台的"Simulation"选项卡中，配置搬运工件的仿真效果，设置1、2、3号工件允许被抓取，设置7、8、9号工件允许被放置。具体操作步骤见表6-4。

表6-4 仿真设置步骤

序号	图片示例	操作步骤
1		在工作站左侧的"Cell Browser-搬运实训仿真"菜单中，双击打开"Fixture4"的属性界面
2		在属性窗口中，找到"Simulation"仿真选项，选中"Part2[1,1]"，勾选"Allow Part to be picked"，在下方的 Create Delay 中输入300。用此方法依次设置"Part2[1, 2]"、"Part2[1, 3]"，单击"Apply"按钮，应用更改

序号	图片示例	操作步骤
3	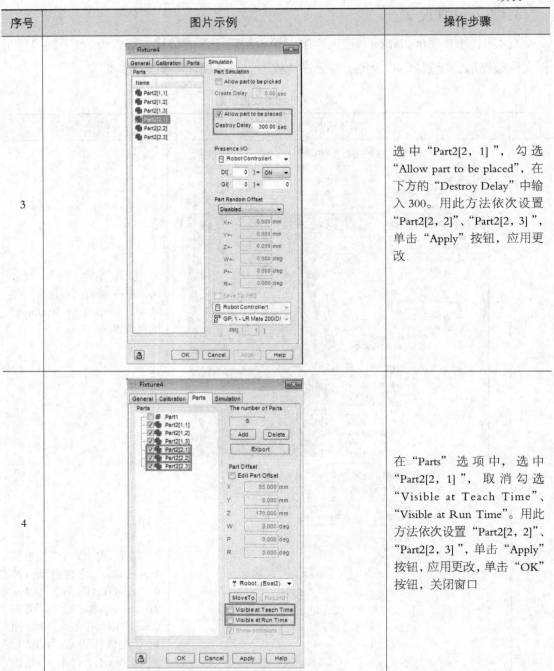	选中"Part2[2, 1]", 勾选"Allow part to be placed", 在下方的"Destroy Delay"中输入300。用此方法依次设置"Part2[2, 2]"、"Part2[2, 3]", 单击"Apply"按钮, 应用更改
4		在"Parts"选项中, 选中"Part2[2, 1]", 取消勾选"Visible at Teach Time"、"Visible at Run Time"。用此方法依次设置"Part2[2, 2]"、"Part2[2, 3]", 单击"Apply"按钮, 应用更改, 单击"OK"按钮, 关闭窗口

6.4.3 创建仿真程序

在ROBOGUIDE软件中，仅使用示教器编写TP程序无法实现工件抓取、放置的仿真效果，本节将创建仿真程序，利用仿真程序中的指令实现抓取、放置的仿真效果。具体操作步骤见表6-5。

表 6-5 创建仿真程序步骤

序号	图片示例	操作步骤
1	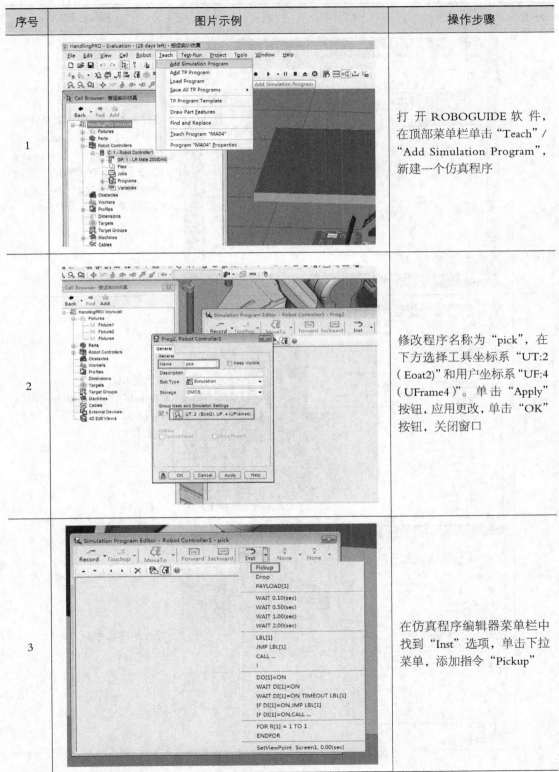	打开 ROBOGUIDE 软件，在顶部菜单栏单击"Teach"/"Add Simulation Program"，新建一个仿真程序
2		修改程序名称为"pick"，在下方选择工具坐标系"UT:2（Eoat2)"和用户坐标系"UF:4（UFrame4)"。单击"Apply"按钮，应用更改，单击"OK"按钮，关闭窗口
3		在仿真程序编辑器菜单栏中找到"Inst"选项，单击下拉菜单，添加指令"Pickup"

续表

序号	图片示例	操作步骤
4		在"Pickup"下拉菜单中选择"Part2",在"From"下拉菜单中选择"Fixture4：Part2【*】",在"With"下拉菜单中选择"GP：1-UT：2（Eoat2）"
5		在顶部菜单栏单击"Teach"/"Add Simulation Program",再次新建一个仿真程序
6		修改程序名称为"put"

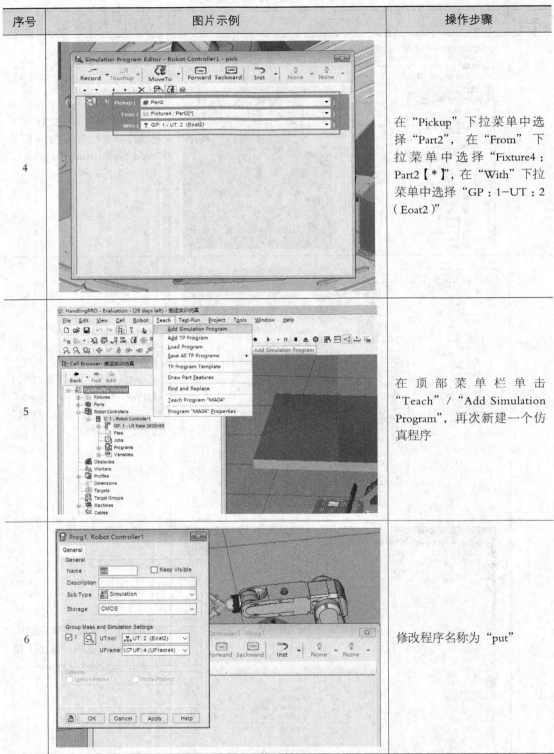

续表

序号	图片示例	操作步骤
7	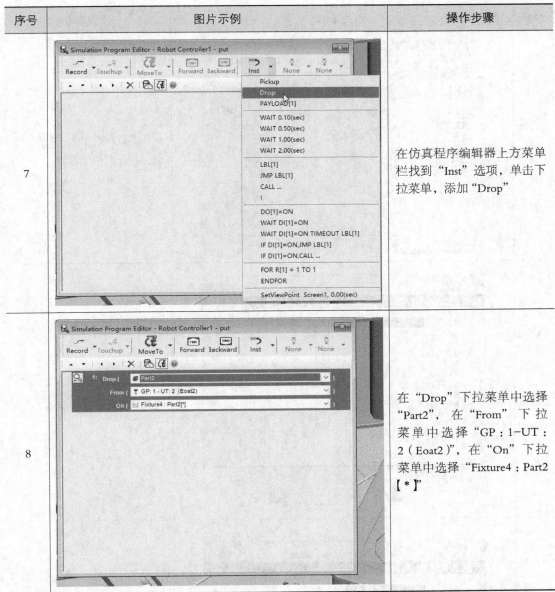	在仿真程序编辑器上方菜单栏找到"Inst"选项,单击下拉菜单,添加"Drop"
8		在"Drop"下拉菜单中选择"Part2",在"From"下拉菜单中选择"GP:1-UT:2(Eoat2)",在"On"下拉菜单中选择"Fixture4:Part2【*】"

6.4.4 位置寄存器的使用

位置寄存器是用来存储位置资料的通用存储变量。本节使用示教器创建TP程序之前,需要了解位置寄存器PR[i]的使用。具体操作步骤见表6-6。

微课视频
码垛搬运路径创建（二）

表 6-6 位置寄存器的使用

序号	图片示例	操作步骤
1		在顶部菜单栏单击"🖳"按钮，打开虚拟示教器
2		打开虚拟示教器后单击"Data"，进入数值寄存器界面
3		单击"类型"，选择"位置寄存器"

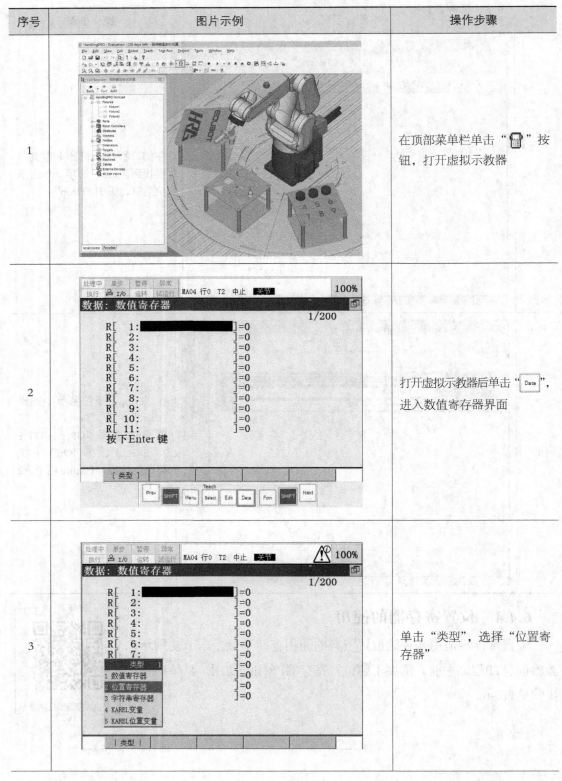

续表

序号	图片示例	操作步骤
4		进入"位置寄存器"界面后，选择"PR[2:]"，单击"位置"修改 PR[2:] 的数据
5		按照左图中所示数据修改"PR[2:]"的值，修改完成后单击"完成"。 左图中所需修改数据为 • X：0 mm • Y：0 mm • Z：100 mm • W：0 deg • P：0 deg • R：0 deg 单击"Apply"按钮，完成设置
6		当数据修改完成后，"PR[2:]=*"变成"PR[2:]=R"

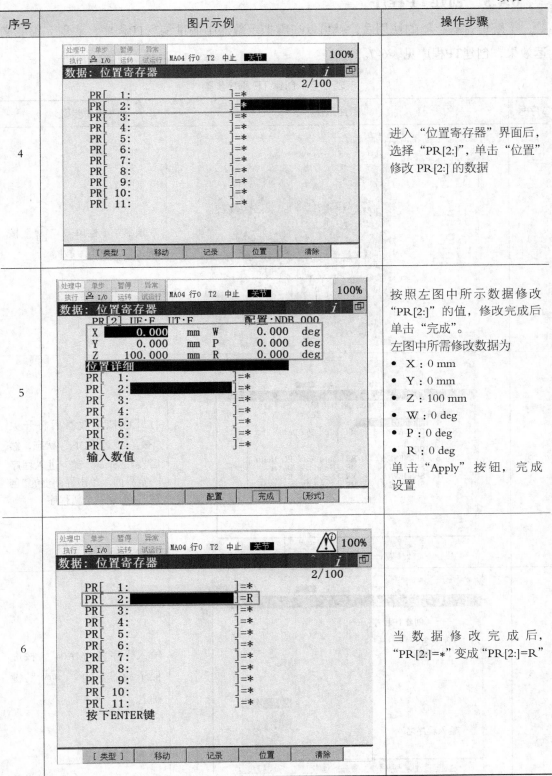

6.4.5 创建TP程序

了解位置寄存器的使用后,就可以在虚拟示教器中通过编写TP程序,实现完整的搬运效果,创建TP程序见表6-7。

表6-7 创建 TP 程序步骤

序号	图片示例	操作步骤
1	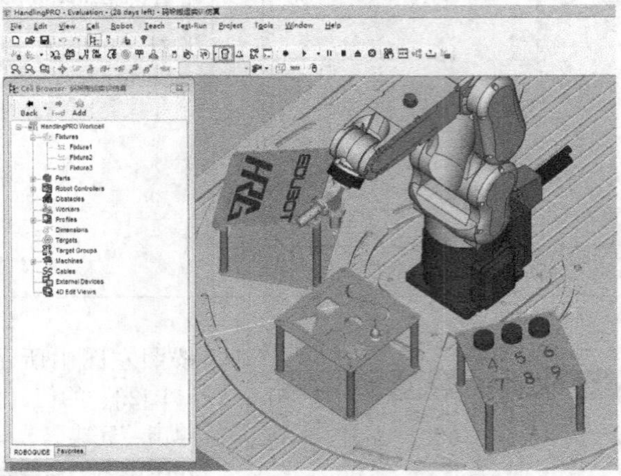	在顶部菜单栏单击"▢"按钮,打开虚拟示教器
2	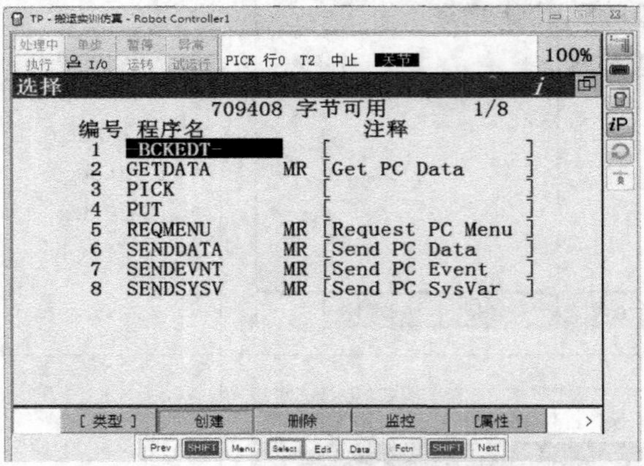	打开虚拟示教器后将开关"⬤"拨至"ON"状态,然后按"Select"键,进入程序一览界面。单击界面上的"创建",创建一个新程序
3	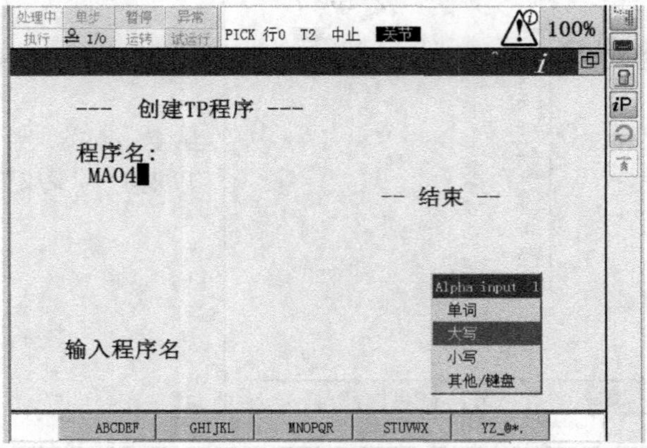	输入程序名"MA04",按虚拟示教器上的"ENTER"键确定 

第6章 码垛搬运实训仿真

续表

序号	图片示例	操作步骤
4		按虚拟示教器上的"ENTER"键结束
5	序号 位置寄存器 X Y Z W P R 1 PR[2] 0 0 100 0 0 0 2 PR[3] 0 -110 100 0 0 0 3 PR[4] 0 -110 0 0 0 0 4 PR[5] 55 0 0 0 0 0 5 PR[6] 55 0 100 0 0 0 6 PR[7] 55 -110 100 0 0 0 7 PR[8] 55 -110 0 0 0 0 8 PR[9] 110 0 0 0 0 0 9 PR[10] 110 0 100 0 0 0 10 PR[11] 110 -110 100 0 0 0 11 PR[12] 110 -110 0 0 0 0	按照左表所示,设置位置寄存器的值
6		单击示教器上的"Select"键,进入程序一览界面,选择"MA04"程序,按虚拟示教器上的"ENTER"键进入

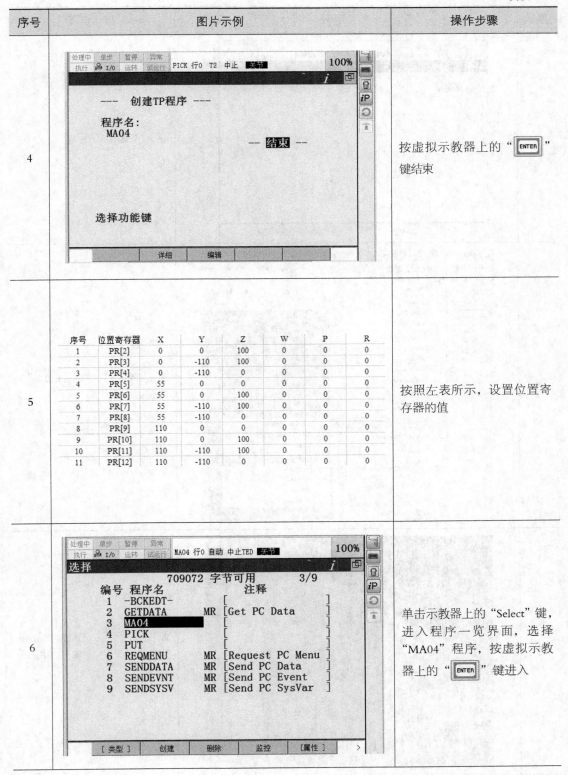

141

续表

序号	图片示例	操作步骤
7		进入"MA04"程序
8		单击"View"/"Quick Bars"/"Move To"
9		如左图所示,弹出"Move To"快捷栏,单击"Face"选项

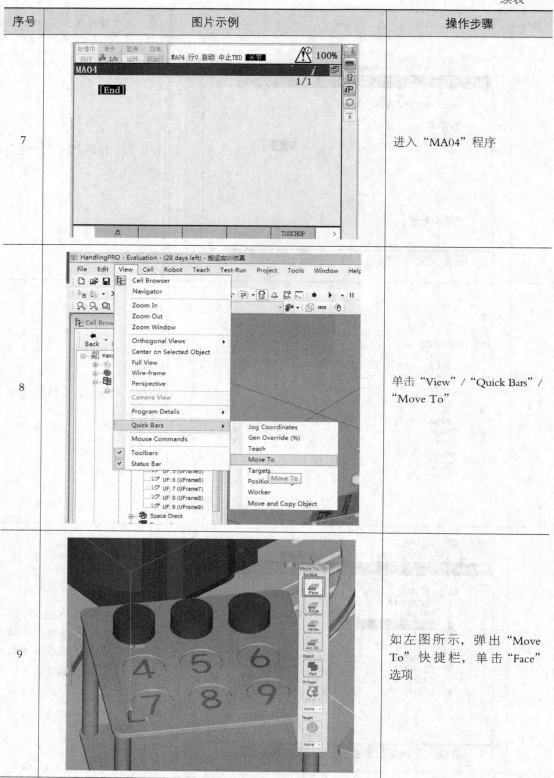

第6章 码垛搬运实训仿真

续表

序号	图片示例	操作步骤
10		鼠标放在1号位置搬运工件表面的中心点
11		单击,机器人就移动到了1号物品表面中心点的位置
12		示教机器人的当前位置

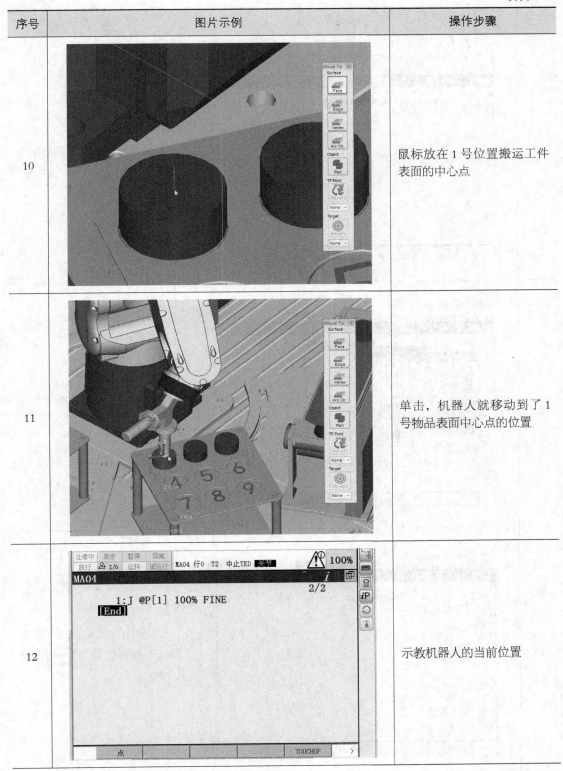

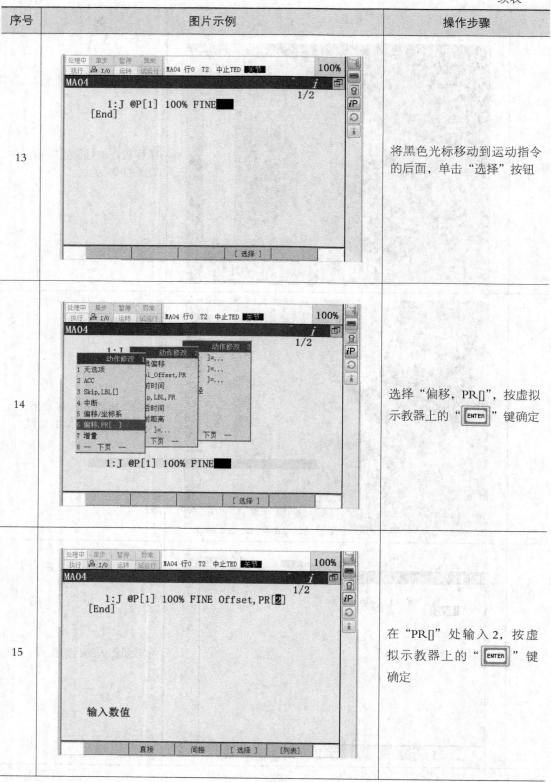

序号	图片示例	操作步骤
16		添加一个点，将名称改为P[1] 按虚拟示教器上的"ENTER"键确定
17		添加"调用"指令
18		选择调用"PICK"程序

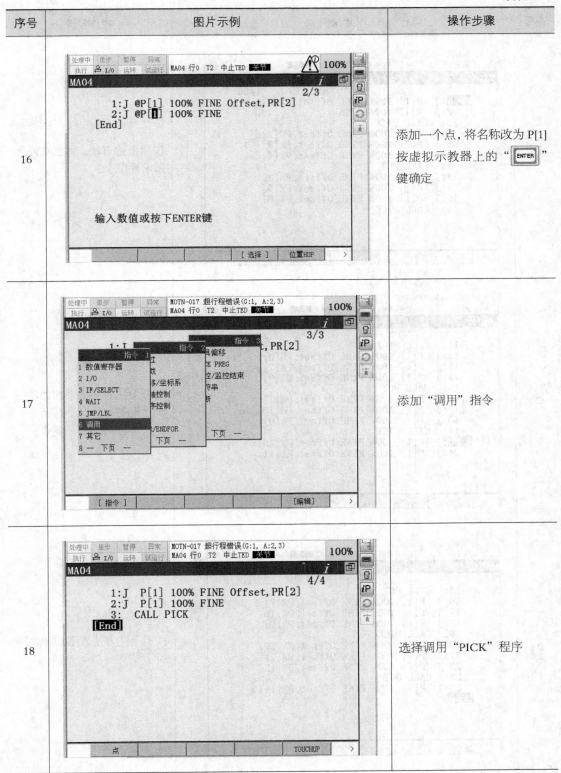

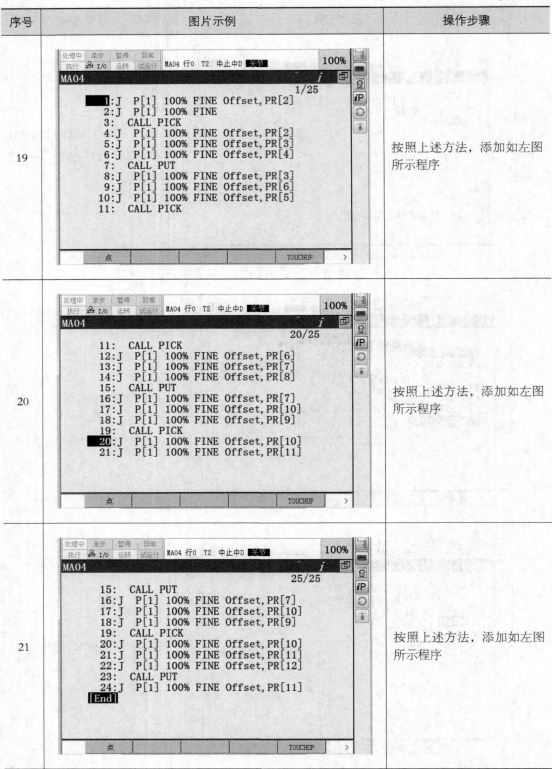

6.5 仿真程序运行

完成路径创建后,即可进行仿真调试。当所有操作完成,用户可以保存工作站,方便以后随时使用。

6.5.1 运行仿真

仿真运行可以让机器人执行当前程序,沿着示教好的路径移动,在ROBOGUIDE软件中运行仿真的步骤见表6-8。

表6-8 程序运行步骤

序号	图片示例	操作步骤
1	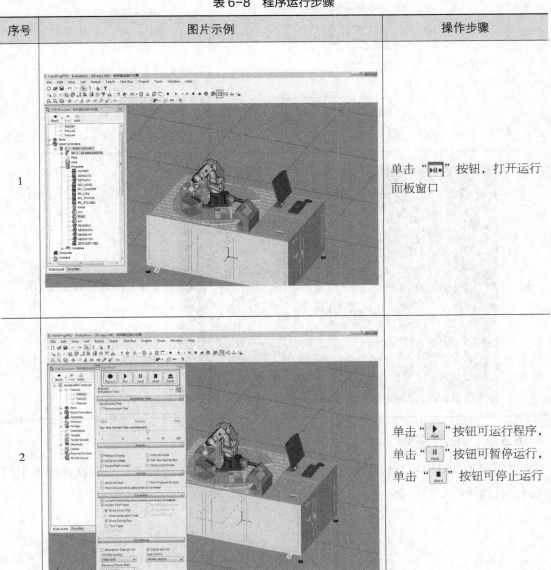	单击"▶∥■"按钮,打开运行面板窗口
2		单击"▶ Run"按钮可运行程序, 单击"∥ Hold"按钮可暂停运行, 单击"■ Abort"按钮可停止运行

序号	图片示例	操作步骤
3	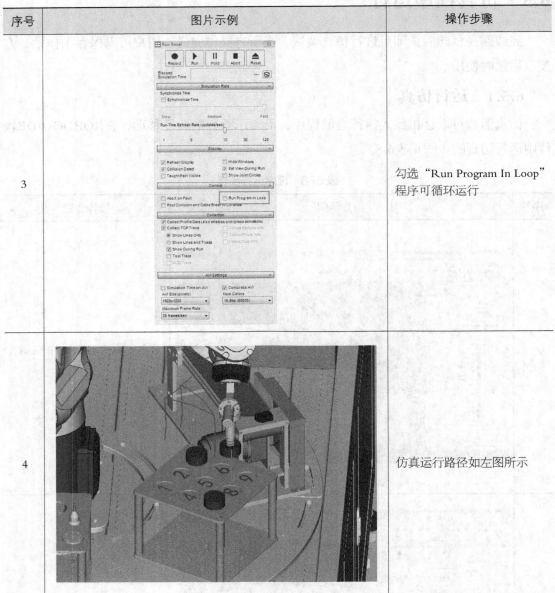	勾选"Run Program In Loop"程序可循环运行
4		仿真运行路径如左图所示

6.5.2 录制视频

利用ROBOGUIDE软件中的录制功能，可以在程序运行过程中，录制软件视图中的画面，具体操作步骤见表6-9。

第6章 码垛搬运实训仿真

表 6-9 录制视频步骤

序号	图片示例	操作步骤
1	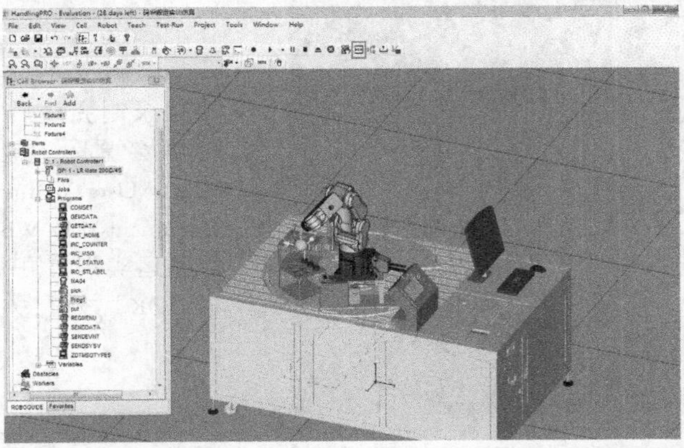	单击"▶||"按钮,打开运行面板窗口
2	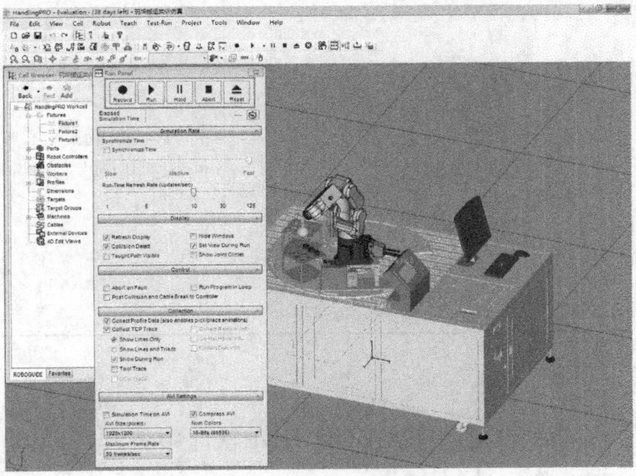	单击"▶"按钮,可运行程序;单击"||"按钮,可暂停运行;单击"■"按钮,可停止运行
3	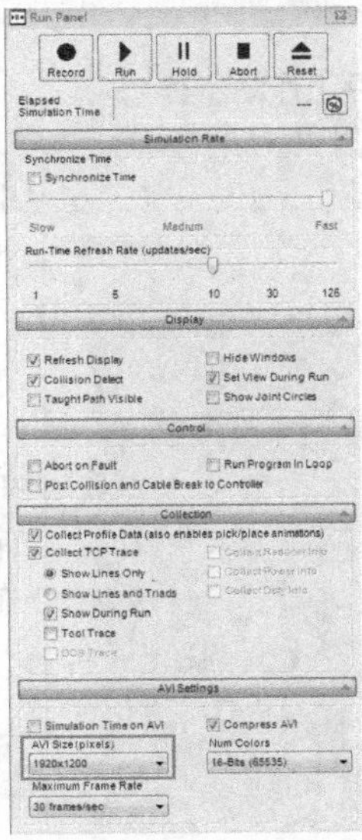	在"AVI Size(pixels)"中可选择录制视频的分辨率

序号	图片示例	操作步骤
4		视频录制完成后，弹出窗口中会显示视频存放路径 C:\Users\Administrator\Documents\My Workcells\码垛搬运实训仿真\AVIs，单击"OK"按钮，关闭窗口
5		打开上面的路径，即可找到所录制的视频文件

6.5.3 保存工作站

工作站的保存文件可以在不同计算机上的ROBOGUIDE软件中打开，以方便用户间的交流。保存工作站的具体步骤见表6-10。

表6-10 保存工作站步骤

序号	图片示例	操作步骤
1		单击菜单栏左上角的"🖫"保存按钮，即可保存整个工作站

第6章 码垛搬运实训仿真

续表

序号	图片示例	操作步骤
2		工作站的默认存放路径为 C:\Users\Administrator\Documents\My Workcells，打开路径后可以看到文件夹"码垛搬运实训仿真"
3		打开"码垛搬运实训仿真"文件夹后即可看到工作站所有的文件内容都存放在此

本章习题

1. 简述完成码垛搬运实训仿真的流程。
2. 如何创建搬运工件的镜像模型？
3. 本章任务中，为什么需要创建仿真程序？

第7章
伺服定位控制实训仿真

本章进行伺服定位控制实训仿真，实训任务是创建一个动态转盘。伺服分工位模块由伺服电机驱动转盘，转盘分5个工位，配合机器人的需要设定旋转角度，如图7-1所示。要完成本实训仿真任务，需要进行伺服转盘模块导入及安装、坐标系创建、动态转盘创建、码垛模块仿真设置、仿真程序编写、仿真程序运行6个部分的操作。

通过本章的学习，读者可以掌握以下内容。

- 模型的导入及安装
- 坐标系的创建方法
- Part模块的灵活运用
- 变位机的配置方法
- Machine模块的灵活运用
- 虚拟电机控制
- 仿真程序的编写
- 示教器TP程序的编写操作技巧

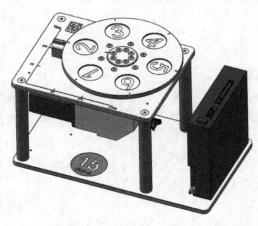

图7-1 MA15伺服分工位模块

7.1 路径规划

伺服定位控制实训仿真任务要求初始状态下,伺服分工位模块满物料,搬运模块无物料。工作过程如下:伺服转盘每转动一个位置,机器人将一个工位上的物料搬运到搬运模块上,直到所有物料搬运完成,程序停止。伺服定位控制实训仿真任务路径如图7-2所示。

路径规划:初始点P1→工件拾取点P2→工件抬起点P1→工件抬起点P3→工件放置点P4→工件抬起点P3→初始点P1。

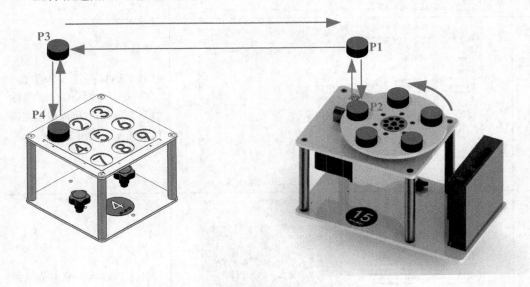

图7-2 伺服定位控制实训任务

7.2 伺服转盘模块导入及安装

本章基于第6章的工作站建立仿真任务,所以不再重复演示创建新工作站、导入实训平台、安装机器人本体等操作步骤。若读者希望重新创建工作站完成本章的实训仿真任务,需要参照第3章搭建工作站,再参照第6章导入搬运模块。

要完成仿真任务,用户首先需要将涉及的机械模型加载到工作站中。安装MA15伺服转盘模块的具体操作步骤见表7-1。

微课视频

伺服转盘模块导入及安装

表 7-1 安装 MA15 伺服转盘模块步骤

序号	图片示例	操作步骤
1		工作站的默认存放路径为 C:\Users\Administrator\Documents\My Workcells，打开默认路径，找到文件夹"码垛搬运实训仿真"
2		打开"码垛搬运实训仿真"文件夹后，找到工作站图标"![]"，双击"码垛搬运实训仿真.frw"，打开工作站
3		打开工作站后，单击菜单栏上的"File"/"Save Cell '码垛搬运实训仿真' As"
4		输入工作站名"伺服定位控制实训仿真"。单击"OK"按钮，创建工作站

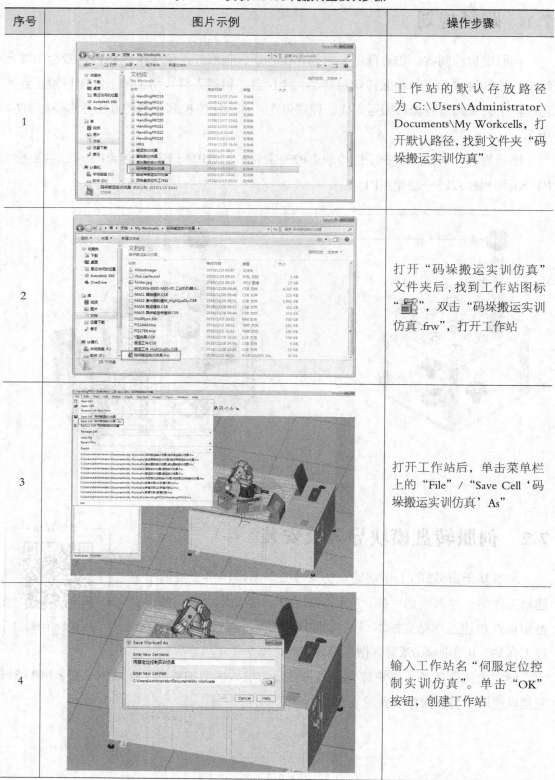

第7章 伺服定位控制实训仿真

续表

序号	图片示例	操作步骤
5		打开工作站后，在左侧的"Cell Browser-伺服定位控制实训仿真"菜单栏中，找到"Machines"选项
6	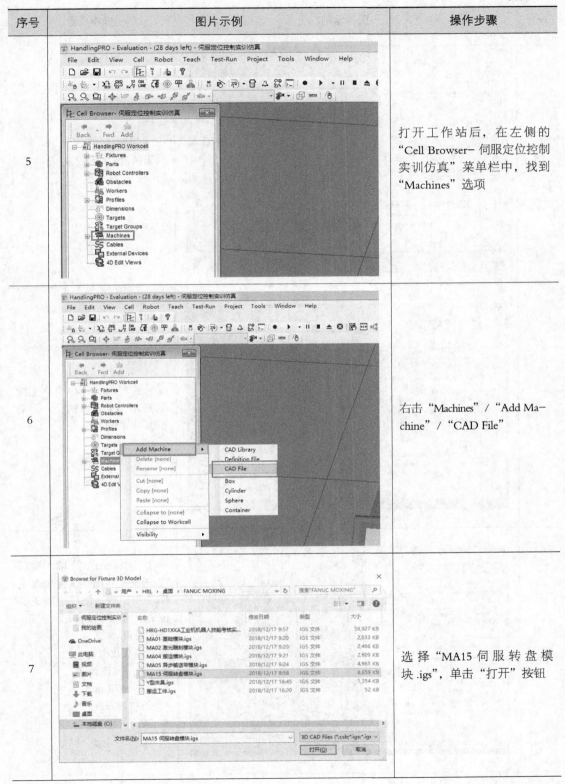	右击"Machines"/"Add Machine"/"CAD File"
7		选择"MA15伺服转盘模块.igs"，单击"打开"按钮

续表

序号	图片示例	操作步骤
8		伺服转盘模块导入完成
9		鼠标放在伺服转盘模块坐标框的 X、Y、Z 半轴上，手动拖曳调节其位置
10		单击"General"选项，微调"Location"中的数值来改变模块的位置，使其达到正确位置，单击"Apply"按钮，完成设置。 参考位置数据为 • X：−115 mm • Y：−72 mm • Z：772 mm • W：−90 deg • R：150 deg

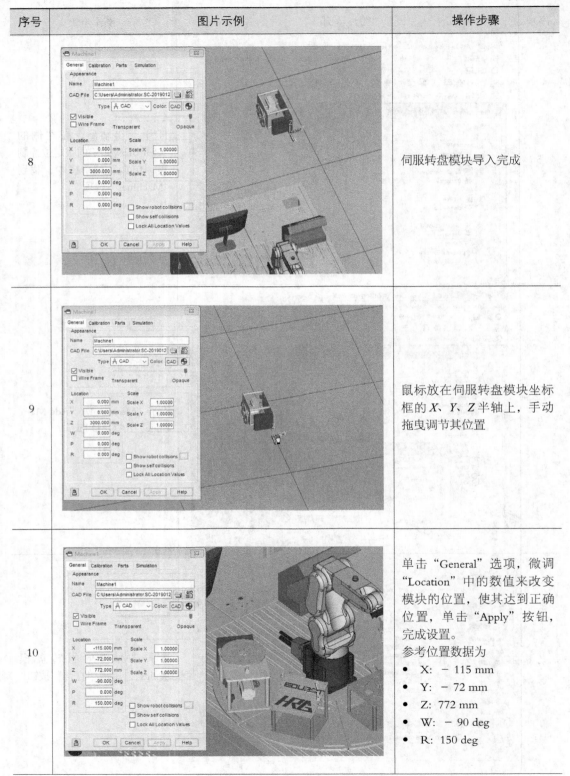

第7章 伺服定位控制实训仿真

续表

序号	图片示例	操作步骤
11	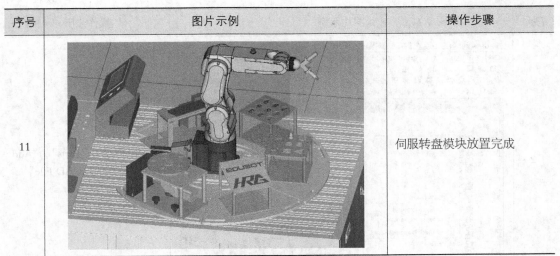	伺服转盘模块放置完成

7.3 动态转盘创建

本任务需要达到的仿真效果是：通过示教器可以控制转盘电机转动，当转盘电机转动时，带动上面的5块圆形工件一起转动。

7.3.1 导入搬运工件

微课视频

动态转盘创建

本节使用工具为Y型夹具中的吸盘，与第5章所用工具相同，因此创建工具坐标系见5.3.1节。

本节使用搬运工件，与第5章相同，如果已经导入，则不用重复导入。导入搬运工件的具体操作步骤见表7-2。

表7-2 导入搬运工件步骤

序号	图片示例	操作步骤
1		在"Cell Browser-伺服定位控制实训仿真"菜单栏中，找到"Parts"选项

续表

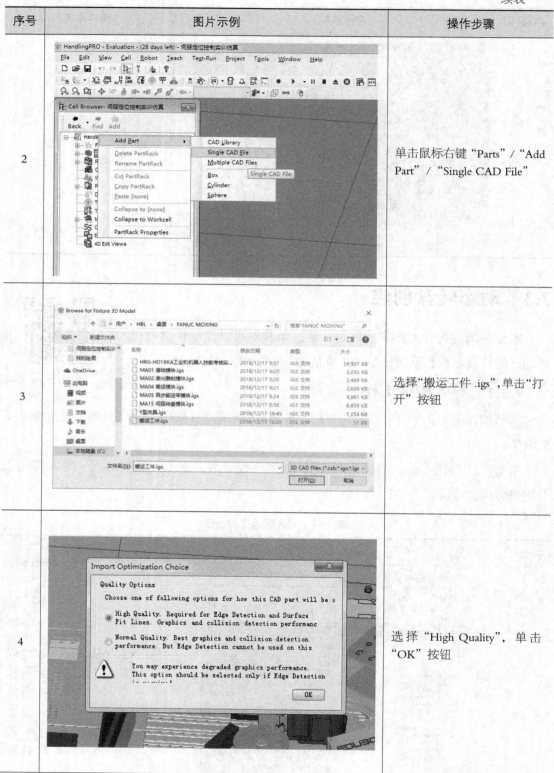

序号	图片示例	操作步骤
2		单击鼠标右键"Parts"/"Add Part"/"Single CAD File"
3		选择"搬运工件.igs",单击"打开"按钮
4		选择"High Quality",单击"OK"按钮

续表

序号	图片示例	操作步骤
5	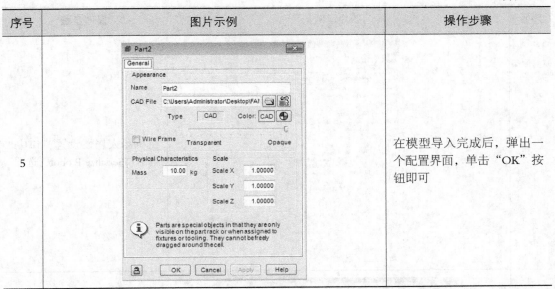	在模型导入完成后，弹出一个配置界面，单击"OK"按钮即可

7.3.2 添加变位机控制软件

要实现变位机参数的自由定制化，以及让变位机与机器人本体轴能同时受到机器人控制器的伺服控制，在创建变位机之前，应先添加附加轴控制软件包"Basic Positioner"（H896）与"Multi-group Motion"（J601），添加变位机控制软件步骤见表7-3。

表7-3 添加变位机控制软件步骤

序号	图片示例	操作步骤
1		在左侧的"Cell Browser-伺服定位控制实训仿真"菜单栏中，双击"GP:1-LR Mate 200iD/4S"，打开机器人属性设置窗口

序号	图片示例	操作步骤
2		在机器人属性设置窗口中，单击"Serialize Robot"选项
3		在弹出的对话窗口中，单击"OK"按钮
4		返回创建工程文件时的创建向导界面

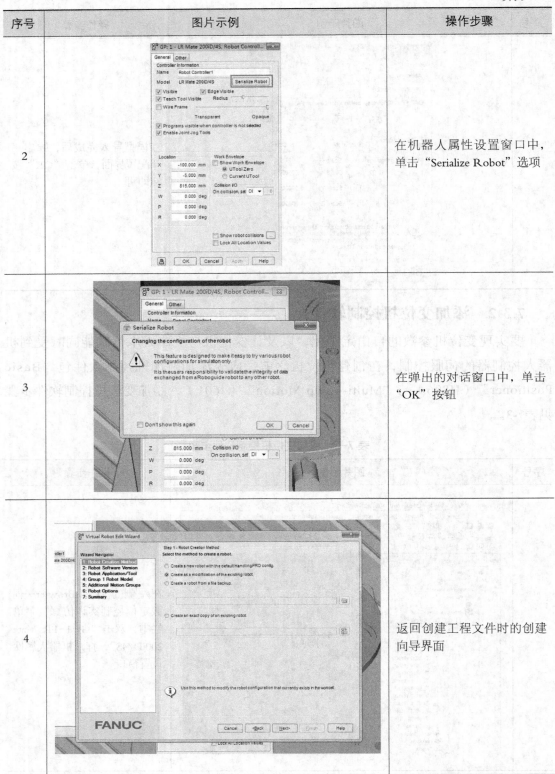

第7章 伺服定位控制实训仿真

续表

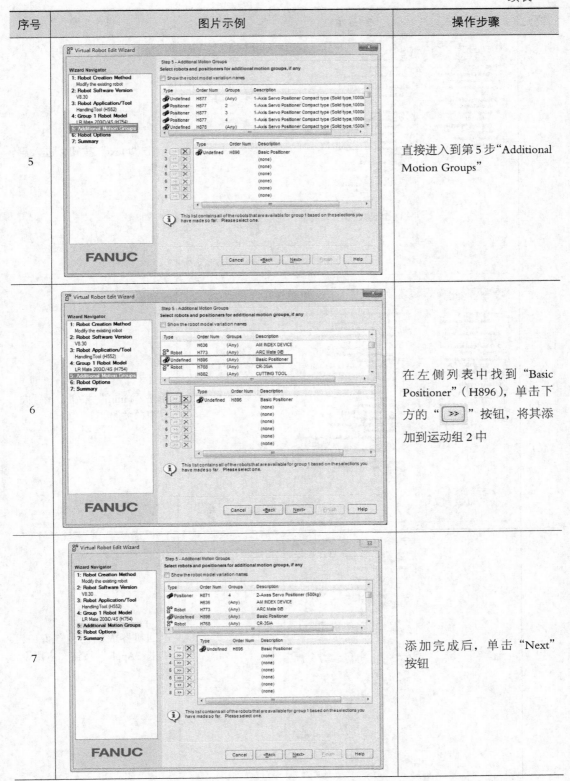

序号	图片示例	操作步骤
5		直接进入到第5步"Additional Motion Groups"
6		在左侧列表中找到"Basic Positioner"（H896），单击下方的" >> "按钮，将其添加到运动组2中
7		添加完成后，单击"Next"按钮

序号	图片示例	操作步骤
8		单击"Next"按钮，进入第7步
9		单击"Finish"按钮，设置向导窗口关闭
10		返回机器人属性设置窗口，单击"Apply"按钮，应用设置

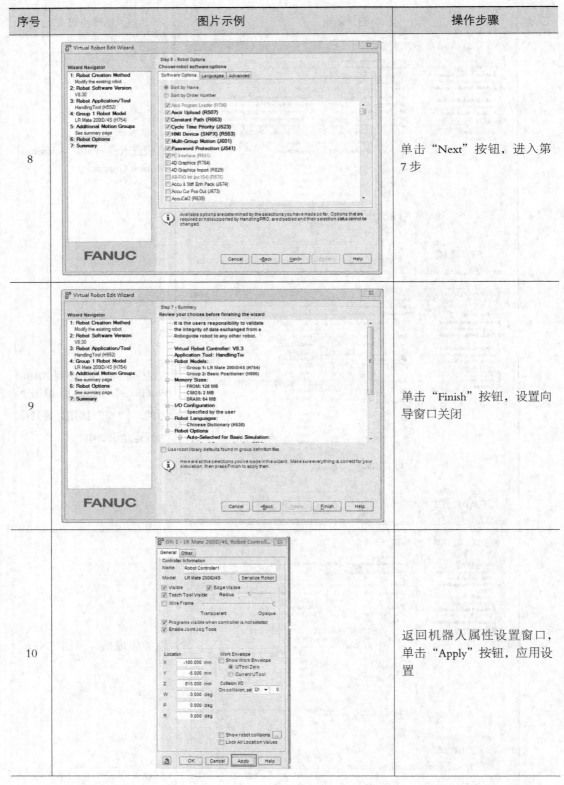

第7章 伺服定位控制实训仿真

续表

序号	图片示例	操作步骤
11	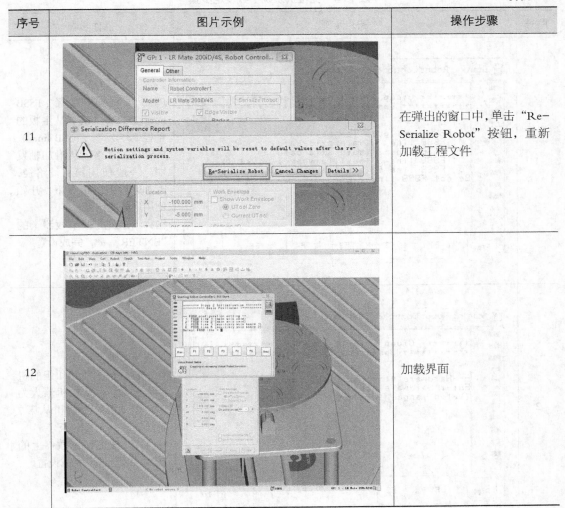	在弹出的窗口中,单击"Re-Serialize Robot"按钮,重新加载工程文件
12		加载界面

7.3.3 变位机系统参数设定

重新加载工程文件后,会自动进入控制启动模式的变位机设置画面。变位机系统参数设定步骤见表7-4。

表 7-4 变位机系统参数设定步骤

序号	图片示例	操作步骤
1	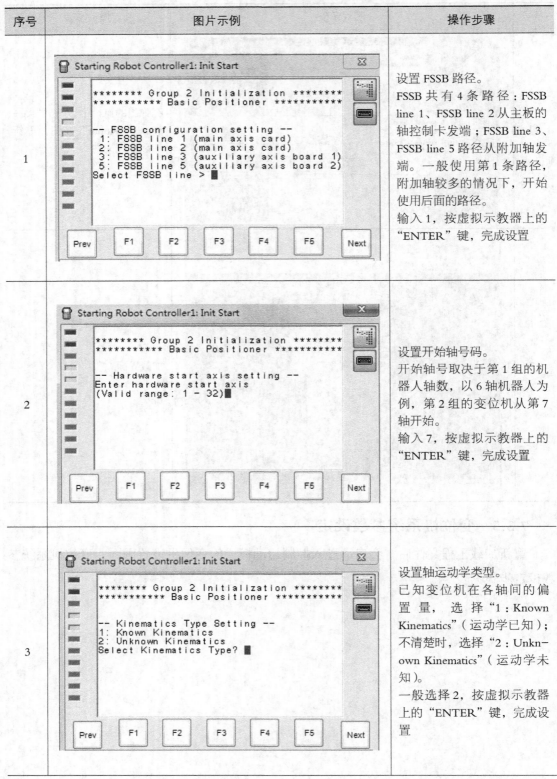	设置 FSSB 路径。 FSSB 共有 4 条路径：FSSB line 1、FSSB line 2 从主板的轴控制卡发端；FSSB line 3、FSSB line 5 路径从附加轴发端。一般使用第 1 条路径，附加轴较多的情况下，开始使用后面的路径。 输入 1，按虚拟示教器上的"ENTER"键，完成设置
2		设置开始轴号码。 开始轴号取决于第 1 组的机器人轴数，以 6 轴机器人为例，第 2 组的变位机从第 7 轴开始。 输入 7，按虚拟示教器上的"ENTER"键，完成设置
3		设置轴运动学类型。 已知变位机在各轴间的偏置量，选择"1：Known Kinematics"（运动学已知）；不清楚时，选择"2：Unknown Kinematics"（运动学未知）。 一般选择 2，按虚拟示教器上的"ENTER"键，完成设置

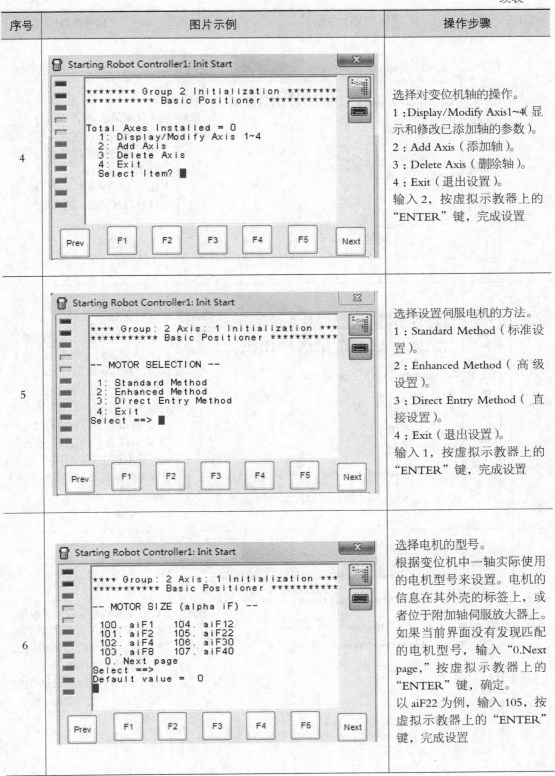

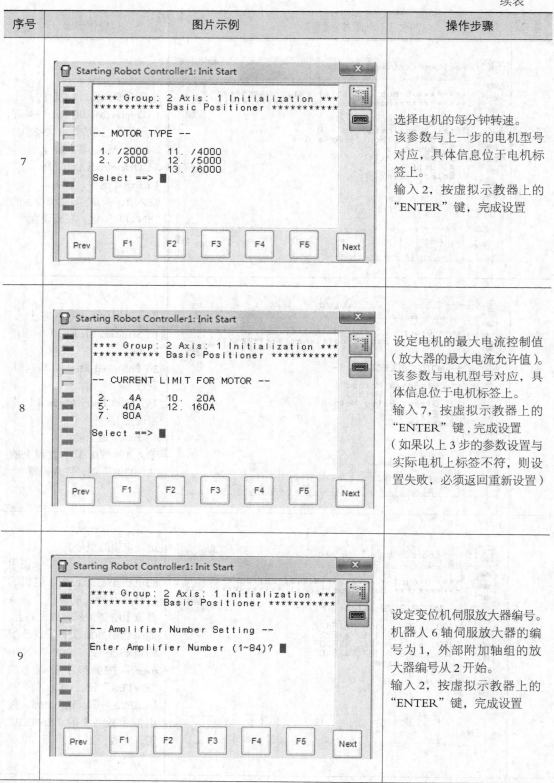

续表

序号	图片示例	操作步骤
10	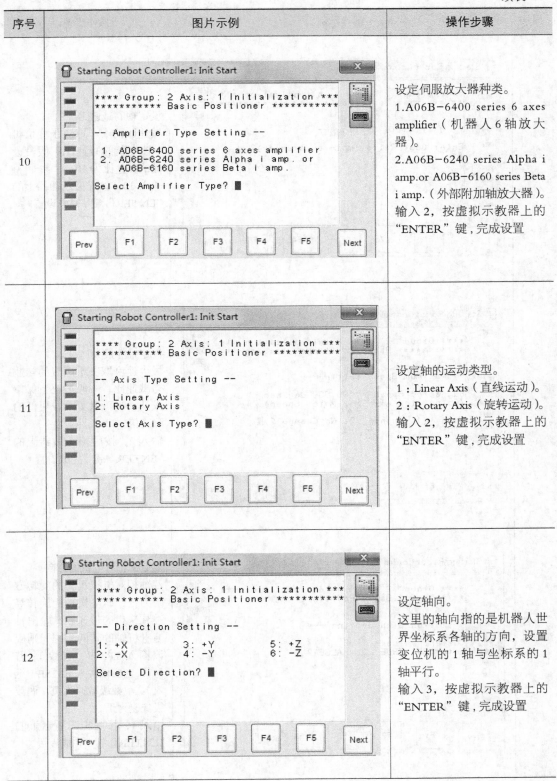	设定伺服放大器种类。 1.A06B-6400 series 6 axes amplifier（机器人6轴放大器）。 2.A06B-6240 series Alpha i amp.or A06B-6160 series Beta i amp.（外部附加轴放大器）。 输入2，按虚拟示教器上的"ENTER"键，完成设置
11		设定轴的运动类型。 1：Linear Axis（直线运动）。 2：Rotary Axis（旋转运动）。 输入2，按虚拟示教器上的"ENTER"键，完成设置
12		设定轴向。 这里的轴向指的是机器人世界坐标系各轴的方向，设置变位机的1轴与坐标系的1轴平行。 输入3，按虚拟示教器上的"ENTER"键，完成设置

续表

序号	图片示例	操作步骤
13		设定轴的减速比。减速比的大小取决于变位机1轴安装的减速比。假设齿轮的减速比为10。输入10，按虚拟示教器上的"ENTER"键，完成设置
14		设定轴的最大速度。最大速度取决于电机的转速与减速比，一般情况下保持默认，也可以更改成更低的限速值。输入2，按虚拟示教器上的"ENTER"键，完成设置
15		设定轴相对电机的方向。若轴相对电机正转的旋转方向为正，即电机轴的旋转经过减速机的传递后，输出轴与电机轴的转向相同，则应该输入TRUE（有效）；若为负，则应该输入FALSE（无效）。单数级减速为负，偶数级减速为正。输入1，按虚拟示教器上的"ENTER"键，完成设置

续表

序号	图片示例	操作步骤
16		设定轴运动范围上限值。 输入360，按虚拟示教器上的"ENTER"键，完成设置
17		设定轴运动范围下限值。 输入-360，按虚拟示教器上的"ENTER"键，完成设置
18		设定零点标定位置。 一般情况下以0°作为外部轴的零点。 输入0，按虚拟示教器上的"ENTER"键，完成设置

续表

序号	图片示例	操作步骤
19		设定轴第一加减速时间常数。修改设定选择"1：Change"，使用当前建议值选择"2：No Change"。增加值的大小可使电机的加减速更平稳。输入2，按虚拟示教器上的"ENTER"键，完成设置
20		设定轴第二加减速时间常数。修改设定选择"1：Change"。使用当前建议值选择"2：No Change"。增加值的大小可使电机的加减速更平稳。输入2，按虚拟示教器上的"ENTER"键，完成设置
21		设定指数加减速时间常数。需要更改时，输入"1：TRUE"。不需要更改时，输入"2：FALSE"。输入2，按虚拟示教器上的"ENTER"键，完成设置

续表

序号	图片示例	操作步骤
22	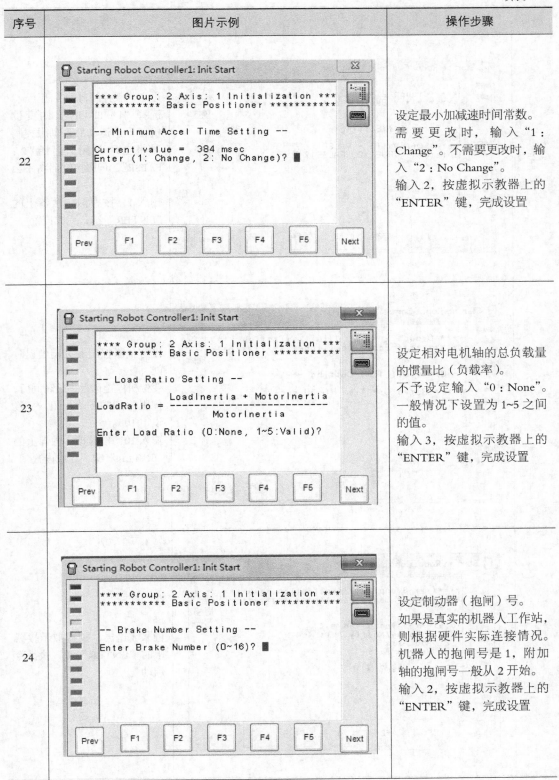	设定最小加减速时间常数。需要更改时，输入"1：Change"。不需要更改时，输入"2：No Change"。输入2，按虚拟示教器上的"ENTER"键，完成设置
23		设定相对电机轴的总负载量的惯量比（负载率）。不予设定输入"0：None"。一般情况下设置为1~5之间的值。输入3，按虚拟示教器上的"ENTER"键，完成设置
24		设定制动器（抱闸）号。如果是真实的机器人工作站，则根据硬件实际连接情况。机器人的抱闸号是1，附加轴的抱闸号一般从2开始。输入2，按虚拟示教器上的"ENTER"键，完成设置

续表

序号	图片示例	操作步骤
25		设定伺服控制自动关闭。 选择"1：TRUE"，则变位机在停止运动后，伺服控制器将自动关闭；选择"2：FALSE"，伺服控制器将不会关闭。 输入1，按虚拟示教器上的"ENTER"键，完成设置
26		设定伺服控制器关闭延迟时间。 变位机停止运行一段时间后，伺服控制器自动关闭，一般设定10 s。 输入10，按虚拟示教器上的"ENTER"键，完成设置
27		输入4退出，按虚拟示教器上的"ENTER"键，执行冷启动

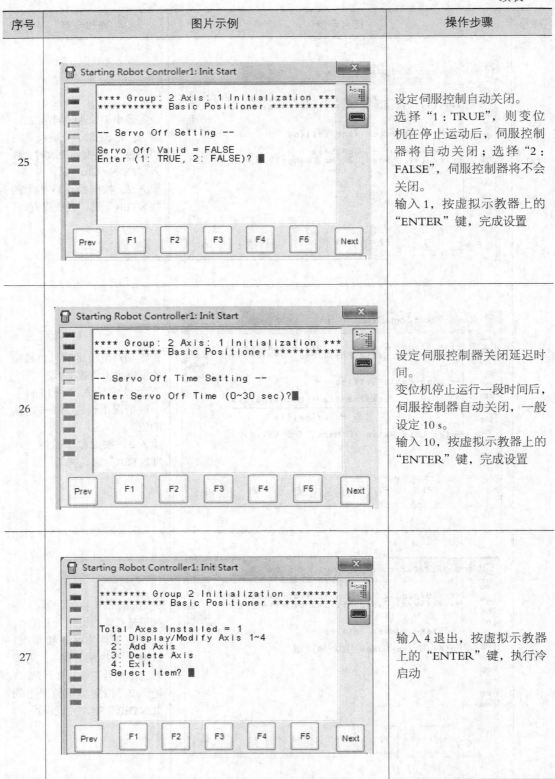

7.3.4 创建动态转盘

把搬运工件关联到动态转盘上，并通过增加镜像模型放置5块相同大小的搬运工件，在转盘电机转动时，带动5块搬运工件一起转动，创建动态转盘步骤见表7-5。

表 7-5 创建动态转盘步骤

序号	图片示例	操作步骤
1	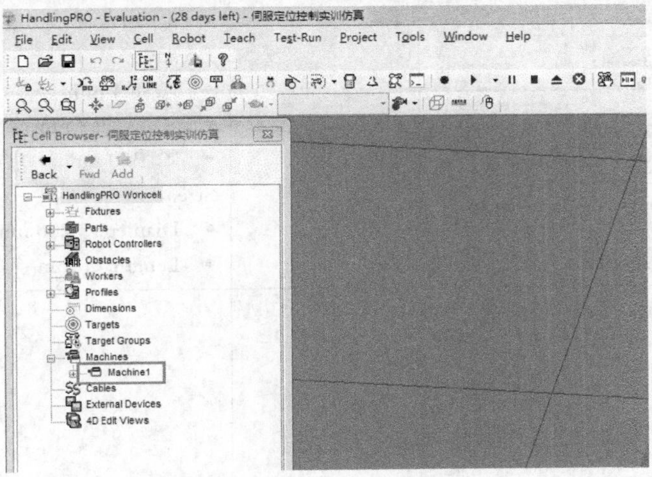	在工作站左侧的"Cell Browser-伺服定位控制实训仿真"菜单中，找到"Machines"选项，单击"⊞"展开，找到"Machine1"
2	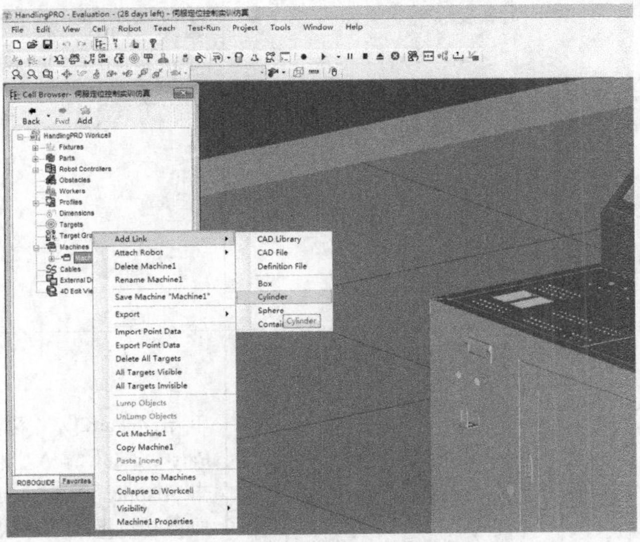	右击"Machine1"/"AddLink"/"Cylinder"

序号	图片示例	操作步骤
3	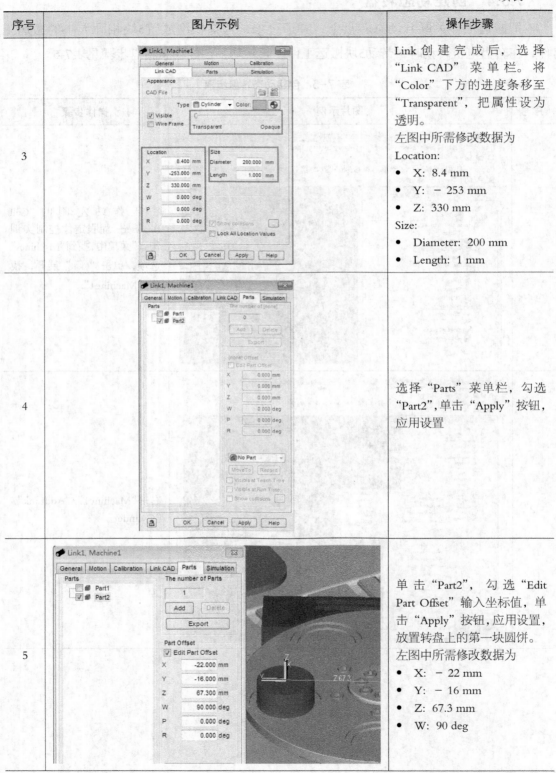	Link 创建完成后，选择"Link CAD"菜单栏。将"Color"下方的进度条移至"Transparent"，把属性设为透明。 左图中所需修改数据为 Location: ● X: 8.4 mm ● Y: −253 mm ● Z: 330 mm Size: ● Diameter: 200 mm ● Length: 1 mm
4		选择"Parts"菜单栏，勾选"Part2"，单击"Apply"按钮，应用设置
5		单击"Part2"，勾选"Edit Part Offset"输入坐标值，单击"Apply"按钮，应用设置，放置转盘上的第一块圆饼。 左图中所需修改数据为 ● X: −22 mm ● Y: −16 mm ● Z: 67.3 mm ● W: 90 deg

续表

序号	图片示例	操作步骤
6		单击"Add"按钮
7		按照码垛规则，先在转盘上添加6块圆饼，单击"OK"按钮
8		本节任务中只需要5块圆饼，所以在列表中，取消最后一块圆饼的勾选，单击"Apply"按钮，应用设置

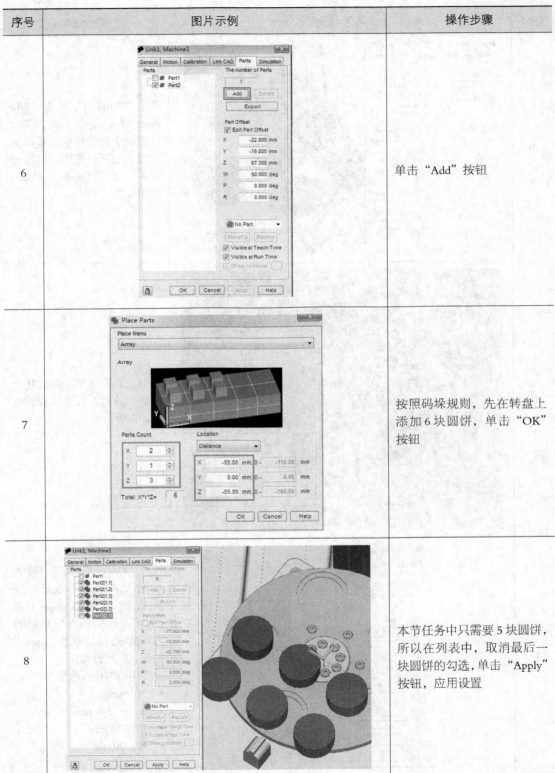

续表

序号	图片示例	操作步骤
9	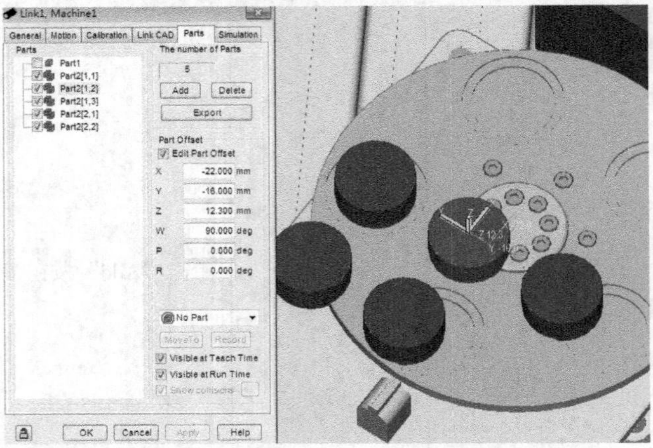	选中"Part[1,2]",勾选"Edit Part Offset"用鼠标拖动第2块圆饼上的坐标框,移动至转盘上的圆饼槽内。放置完成后,单击"Apply"按钮,应用设置
10	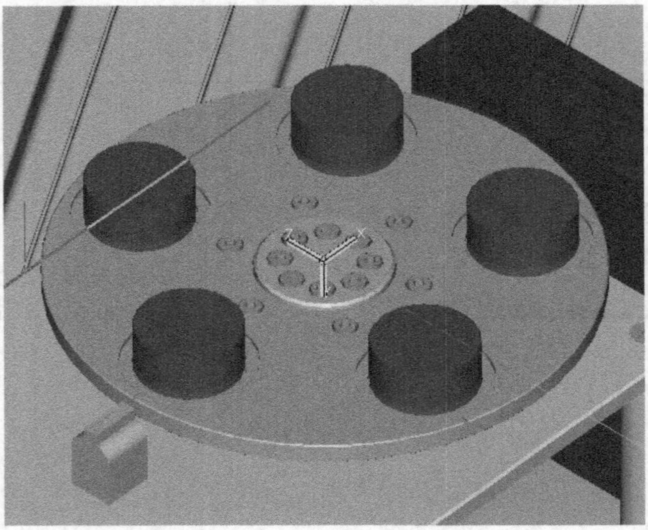	按照上述方法依次摆放其余圆饼的位置,放置完成后效果如左图所示
11	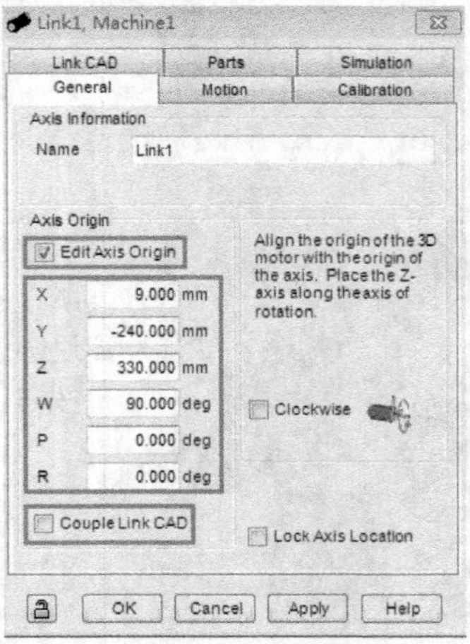	选择"General"菜单,首先勾选"Edit Axis Origin",其次取消勾选"Couple Link CAD",然后输入电机轴的方向数据,最后单击"Apply"按钮,应用设置。 左图中所需修改数据为 ● X: 9 mm ● Y: −240 mm ● Z: 330 mm ● W: 90 deg

续表

序号	图片示例	操作步骤
12	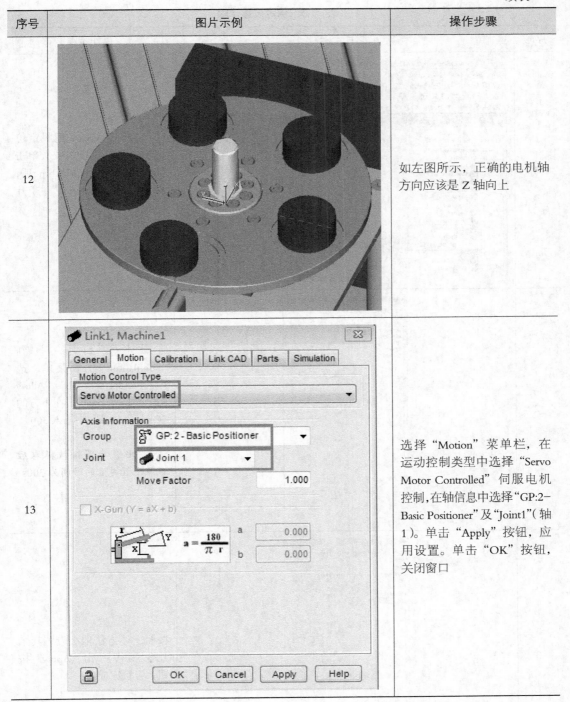	如左图所示，正确的电机轴方向应该是 Z 轴向上
13		选择"Motion"菜单栏，在运动控制类型中选择"Servo Motor Controlled"伺服电机控制，在轴信息中选择"GP:2-Basic Positioner"及"Joint1"（轴1）。单击"Apply"按钮，应用设置。单击"OK"按钮，关闭窗口

7.3.5 仿真设置

配置动态转盘上搬运工件的仿真效果，设置搬运工件允许被抓取。其具体操作步骤见表7-6。

表7-6 仿真设置步骤

序号	图片示例	操作步骤
1	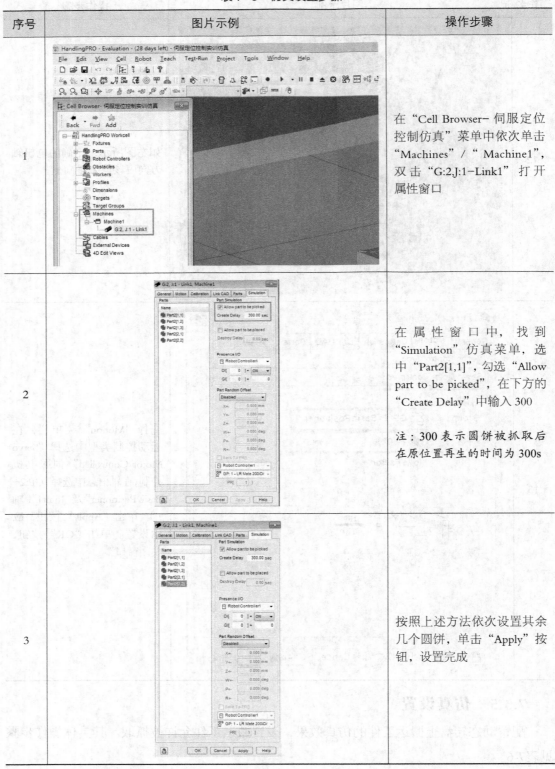	在"Cell Browser-伺服定位控制仿真"菜单中依次单击"Machines"/"Machine1",双击"G:2,J:1-Link1"打开属性窗口
2		在属性窗口中,找到"Simulation"仿真菜单,选中"Part2[1,1]",勾选"Allow part to be picked",在下方的"Create Delay"中输入300 注:300表示圆饼被抓取后在原位置再生的时间为300s
3		按照上述方法依次设置其余几个圆饼,单击"Apply"按钮,设置完成

7.4 码垛模块仿真设置

码垛模块仿真设置

完成以上操作后,需对搬运模块进行仿真效果的相关配置。

7.4.1 码垛物料放置

将搬运工件关联到搬运模块上,并增加镜像模型放置在搬运模块对应的位置上,码垛物料放置步骤见表7-7。

表 7-7 码垛物料放置步骤

序号	图片示例	操作步骤
1	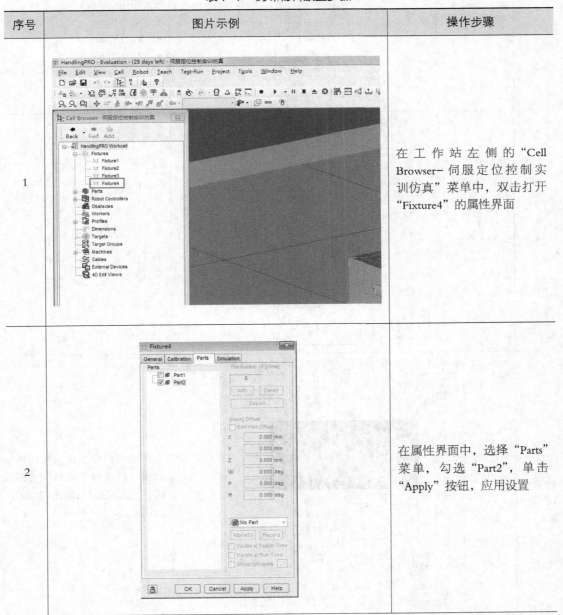	在工作站左侧的"Cell Browser-伺服定位控制实训仿真"菜单中,双击打开"Fixture4"的属性界面
2		在属性界面中,选择"Parts"菜单,勾选"Part2",单击"Apply"按钮,应用设置

续表

序号	图片示例	操作步骤
3	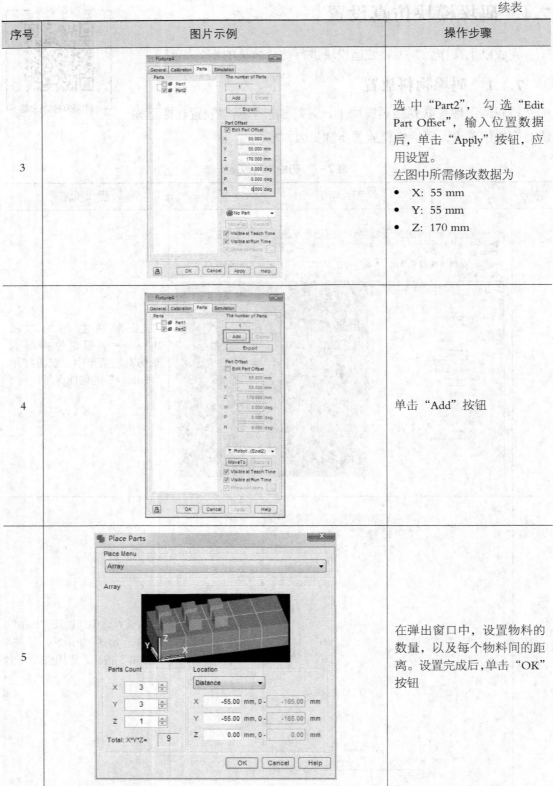	选中"Part2",勾选"Edit Part Offset",输入位置数据后,单击"Apply"按钮,应用设置。 左图中所需修改数据为 • X: 55 mm • Y: 55 mm • Z: 170 mm
4		单击"Add"按钮
5		在弹出窗口中,设置物料的数量,以及每个物料间的距离。设置完成后,单击"OK"按钮

续表

序号	图片示例	操作步骤
6		完成后，效果如左图所示
7		取消勾选最后 4 块物料
8		单击"Apply"按钮应用设置。完成后效果如左图所示。单击"OK"按钮，关闭窗口

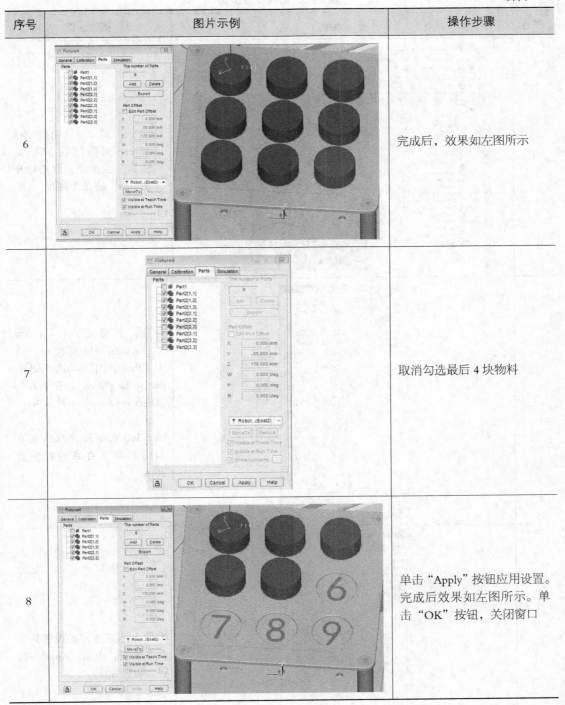

7.4.2 仿真设置

配置搬运模块上搬运工件的仿真效果，允许工件被放置在搬运模块上，仿真设置步骤见表7-8。

表 7-8 仿真设置步骤

序号	图片示例	操作步骤
1		在工作站左侧的"Cell Browser- 伺服定位控制实训仿真"菜单中，双击打开"Fixture4"的属性界面
2		在属性窗口中，找到"Simulation"仿真选项，选中"Part2[1,1]"，勾选"Allow part to be placed"，在下方的"Destroy Delay"中输入 300 注：300 表示圆饼被放置在搬运模块上存在的时间为 300s
3		按照上述方法依次设置其余几个圆饼，单击"Apply"按钮，设置完成

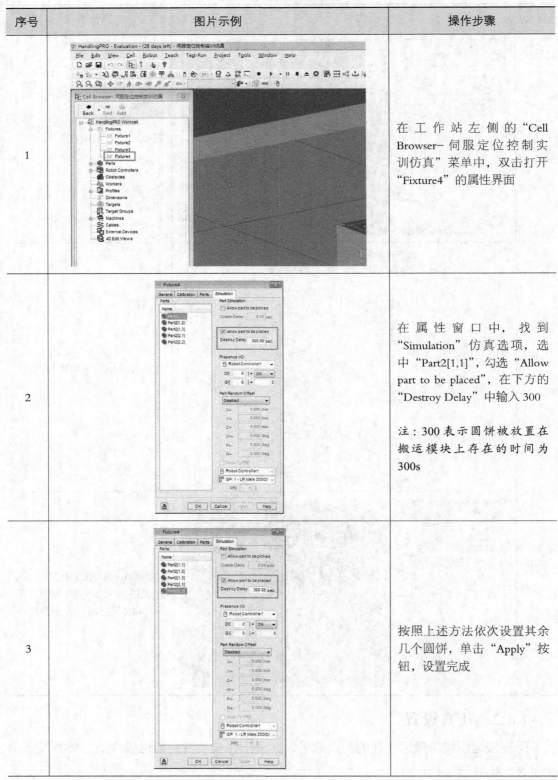

续表

序号	图片示例	操作步骤
4		切换到"Parts"选项，选中"Part2[1,1]"，取消勾选"Visible at Run Time"，单击"Apply"按钮，应用设置 注：取消勾选"Visible at Run Time"，仿真程序运行时就可以隐藏已经放置在搬运模块上的圆饼，使得仿真效果更加逼真
5		按照上述方法依次设置其余几个圆饼，设置完成后单击"OK"按钮，关闭窗口

7.5 仿真程序编写

在进行编程示教操作之前，需要创建坐标系。本节使用工具为Y型夹具中的吸盘，与第5章所用工具相同，详见5.3.1节；本节使用用户坐标系为搬运模块用户坐标系，与第6章所用用户坐标系相同，详见6.2节，因此不再重复创建用户坐标系与工具坐标系。

微课视频

仿真程序编写

7.5.1 创建仿真程序

创建仿真程序，实现工具抓取和放置工件的动画效果。其具体操作步骤见表7-9。

表 7-9　创建仿真程序步骤

序号	图片示例	操作步骤
1	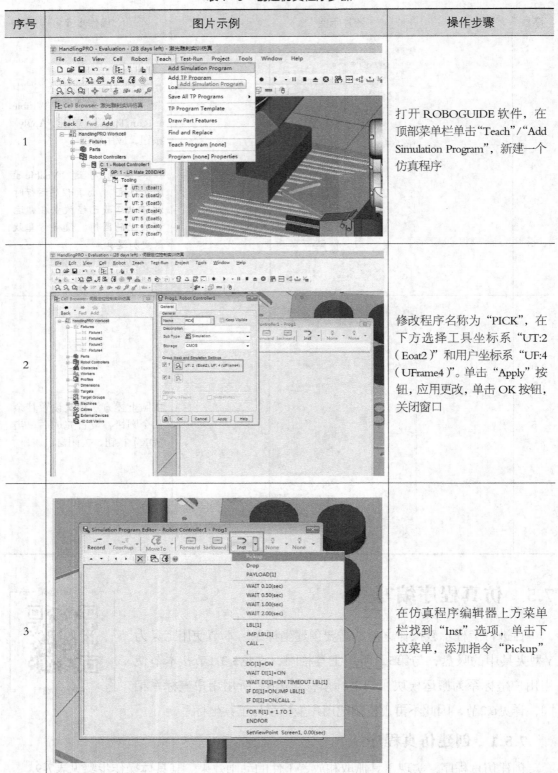	打开 ROBOGUIDE 软件，在顶部菜单栏单击"Teach"/"Add Simulation Program"，新建一个仿真程序
2		修改程序名称为"PICK"，在下方选择工具坐标系"UT:2（Eoat2）"和用户坐标系"UF:4（UFrame4）"。单击"Apply"按钮，应用更改，单击 OK 按钮，关闭窗口
3		在仿真程序编辑器上方菜单栏找到"Inst"选项，单击下拉菜单，添加指令"Pickup"

第7章　伺服定位控制实训仿真

续表

序号	图片示例	操作步骤
4		在"Pickup"下拉菜单栏选择"Part2",在"From"下拉菜单栏选择"Machines1：G：2,J：1-Link1：Part2[*]",在"With"下拉菜单栏选择"GP：1-UT：2（Eoat2）"
5		在顶部菜单栏单击"Teach"/"Add Simulation Program",再次新建一个仿真程序
6		修改程序名称为"PUT"

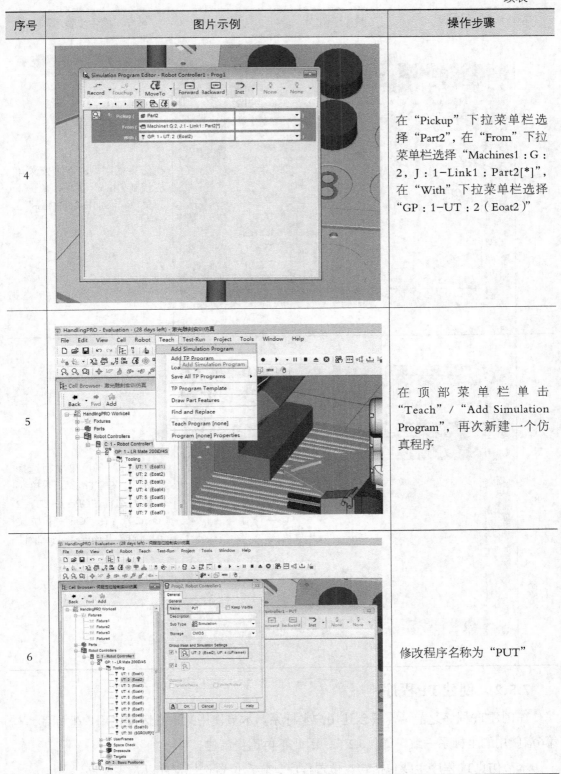

序号	图片示例	操作步骤
7	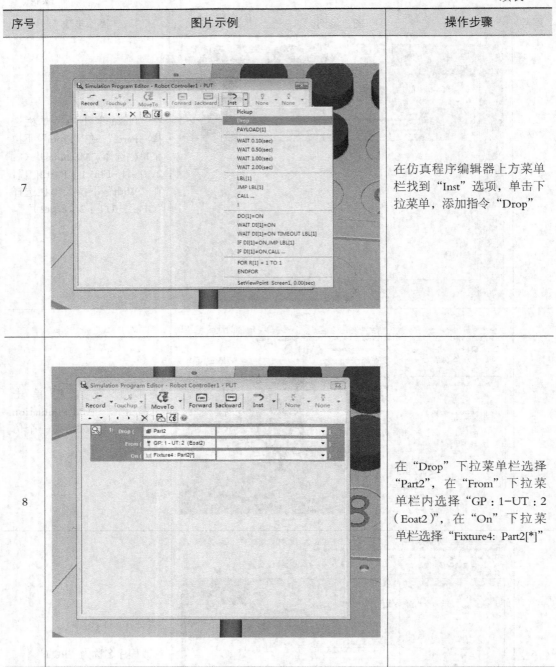	在仿真程序编辑器上方菜单栏找到"Inst"选项,单击下拉菜单,添加指令"Drop"
8		在"Drop"下拉菜单栏选择"Part2",在"From"下拉菜单内选择"GP:1-UT:2(Eoat2)",在"On"下拉菜单栏选择"Fixture4: Part2[*]"

7.5.2 创建TP程序

在创建TP程序之前,需要创建用户坐标系。本节使用的是搬运模块用户坐标系,与第6章使用的坐标系一致,详见6.2节,因此不再重复创建。

本节仿真TP程序主要包括转盘位置程序、转盘位置选择程序以及主程序。

第7章 伺服定位控制实训仿真

1. 创建转盘位置程序

创建转盘位置程序步骤见表7-10。

表7-10 创建转盘位置程序步骤

序号	图片示例	操作步骤
1		在顶部菜单栏单击"📱",打开虚拟示教器
2		打开虚拟示教器后,按"Select"键,进入程序一览界面。单击界面上"创建"选项,创建一个新程序
3		输入程序名"POS1",按虚拟示教器上的"ENTER"键确定

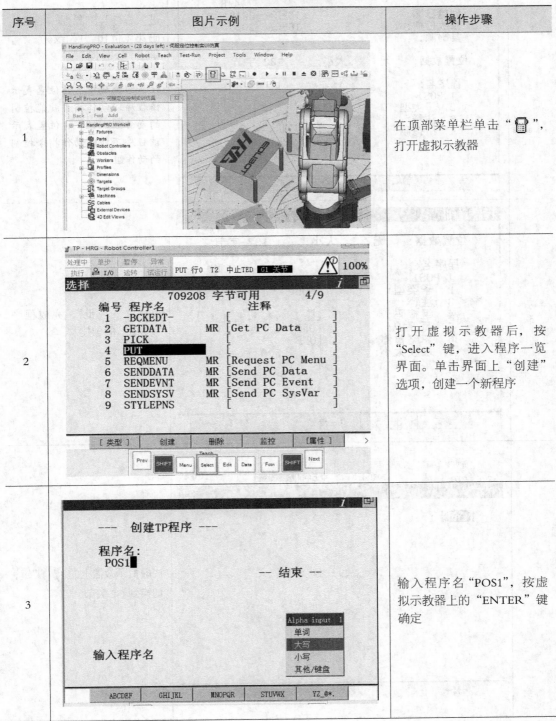

187

续表

序号	图片示例	操作步骤
4	程序详细 4/8 创建日期： 16-Dec-2018 修改日期： 16-Dec-2018 复制源： 位置数据： 无　大小： 132 字节 程序名： 　1　POS1 　2　子类型： [None　　　] 　3　注释：　　 [　　　　　] 　4　组掩码：　 [*,1,*,*,*,*,*,*] 结束　上一步　下一步　1　*	进入程序详细界面，把组掩码第1位由"1"改为"*"，单击"下一步" 注：组掩码中1的位置表示该程序以动作指令就能控制的动作组，"*"的位置表示该程序不能以动作指令控制的动作组
5	程序详细 4/8 位置数据： 无　大小： 132 字节 程序名： 　1　POS1 　2　子类型： [None　　　] 　3　注释：　　 [　　　　　] 　4　组掩码：　 [*,1,*,*,*,*,*,*] 　5　写保护：　 [OFF] 　6　忽略暂停： [OFF] 　7　堆栈大小： [　　500　　] 　8　集合：　　 [　　　　　] 结束　上一步　下一步　1　*	单击"下一步"，完成程序"POS1"的创建
6	处理中 单步 暂停 异常　　　　　　　　　　　100% 执行　I/O 运转 试运行　POS1 行0 T2 中止中D G2 关节 POS1　　　　　　　　　　　　　　　　　　i 　　　　　　　　　　　　　　　　　　　　1/1 [End] [指令]　　　　　　　　　　　　　[编辑]　>	按虚拟示教器上的"GROUP"键，切换到G2关节

续表

序号	图片示例	操作步骤
7	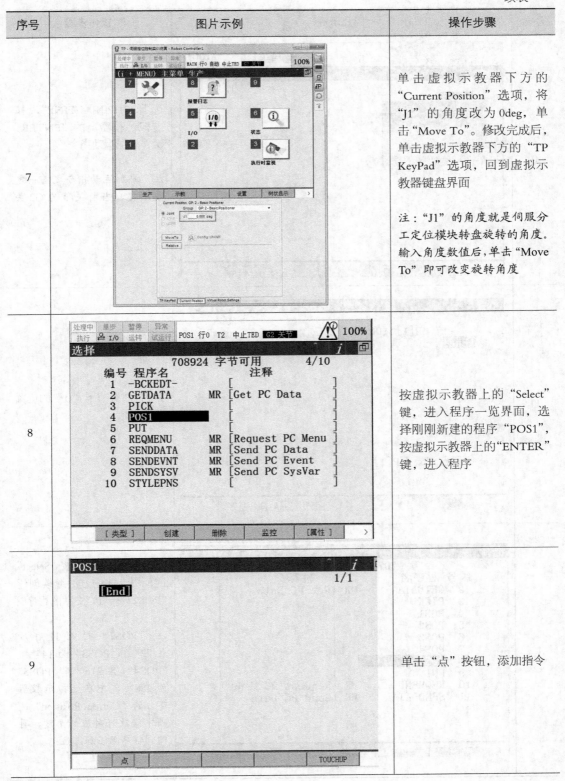	单击虚拟示教器下方的"Current Position"选项，将"J1"的角度改为0deg，单击"Move To"。修改完成后，单击虚拟示教器下方的"TP KeyPad"选项，回到虚拟示教器键盘界面 注："J1"的角度就是伺服分工定位模块转盘旋转的角度。输入角度数值后，单击"Move To"即可改变旋转角度
8		按虚拟示教器上的"Select"键，进入程序一览界面，选择刚刚新建的程序"POS1"，按虚拟示教器上的"ENTER"键，进入程序
9		单击"点"按钮，添加指令

续表

序号	图片示例	操作步骤
10		选择"1JP[]100%FINE",按虚拟示教器上的"ENTER"键,添加运动指令 注:添加运动指令之前一定要确定,当前关节为G2关节
11		完成G2关节下"J1"的位置数据记录
12		在虚拟示教器中按"Select"键,用上述的方法继续创建"POS2"~"POS5"的程序 注:"POS2"对应J1角度是72°,"POS3"为144°,"POS4"为216°,"POS5"为288°,先在虚拟示教器下方的"Current Position"选项中修改好对应的角度,再回到程序里添加点位

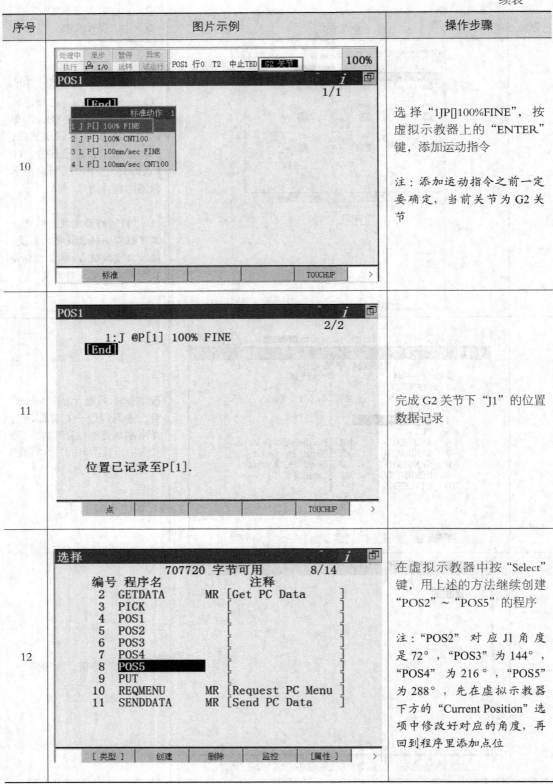

2. 创建转盘位置选择程序

创建转盘位置选择程序步骤见表7-11。

表 7-11 创建转盘位置选择程序步骤

序号	图片示例	操作步骤
1		在虚拟示教器中,按"Select"键,打开程序一览界面
2		创建程序,名称为"PICKINPOS"
3		按虚拟示教器上的"ENTER"键,打开"PICKINPOS"程序,输入左图中程序

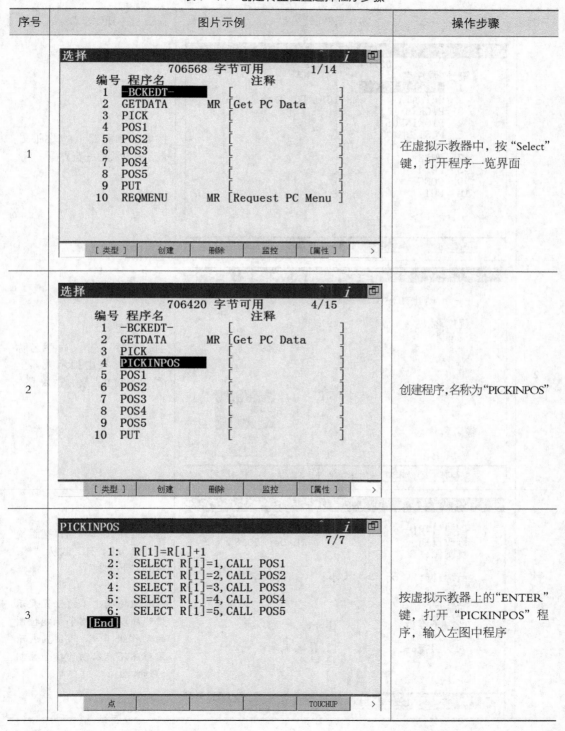

3. 创建主程序

创建主程序步骤见表7-12。

表 7-12 创建主程序步骤

序号	图片示例	操作步骤
1		按虚拟示教器上的"Select"键,打开程序一览界面
2		创建程序,输入程序名称"MAIN",按虚拟示教器上的"ENTER"键,进入下一步
3		进入程序详细界面,把组掩码第2位的"1"改为"*",单击"下一步" 注:组掩码中1的位置表示该程序以动作指令就能控制的动作组,"*"的位置表示该程序不能以动作指令控制的动作组

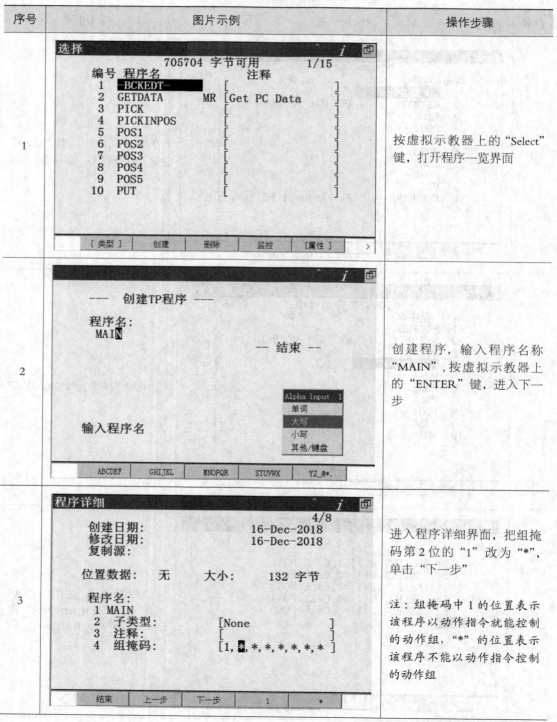

续表

序号	图片示例	操作步骤
4	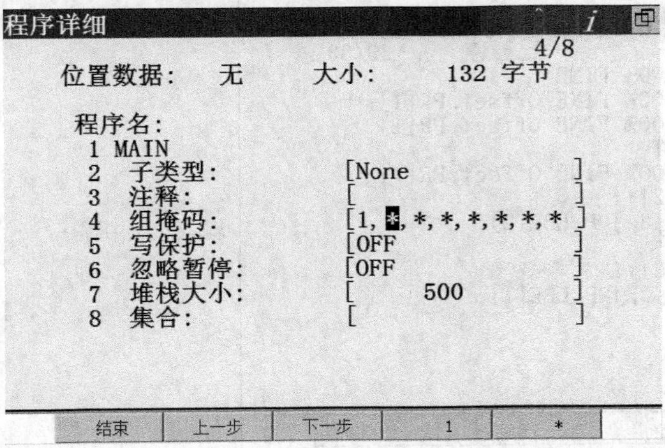 程序详细 4/8 位置数据： 无 大小： 132 字节 程序名： 1 MAIN 2 子类型： [None] 3 注释： [ ] 4 组掩码： [1,*,*,*,*,*,*,*] 5 写保护： [OFF] 6 忽略暂停： [OFF] 7 堆栈大小： [500] 8 集合： [ ] 结束 上一步 下一步 1 *	单击"下一步"，然后单击"结束"，完成程序"MAIN"的创建
5	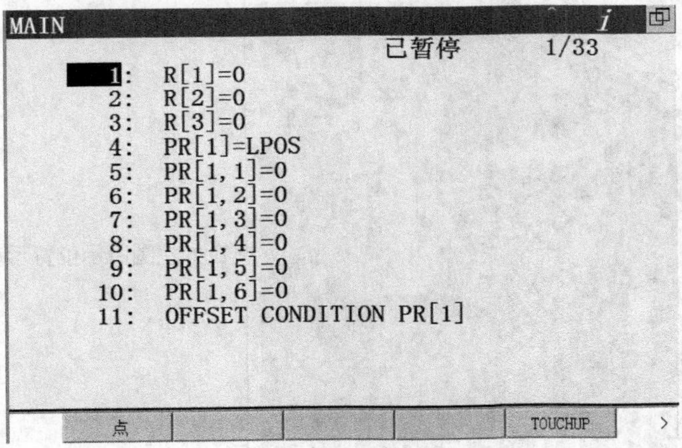 MAIN 已暂停 1/33 1: R[1]=0 2: R[2]=0 3: R[3]=0 4: PR[1]=LPOS 5: PR[1,1]=0 6: PR[1,2]=0 7: PR[1,3]=0 8: PR[1,4]=0 9: PR[1,5]=0 10: PR[1,6]=0 11: OFFSET CONDITION PR[1] 点 TOUCHUP >	输入左图中程序
6	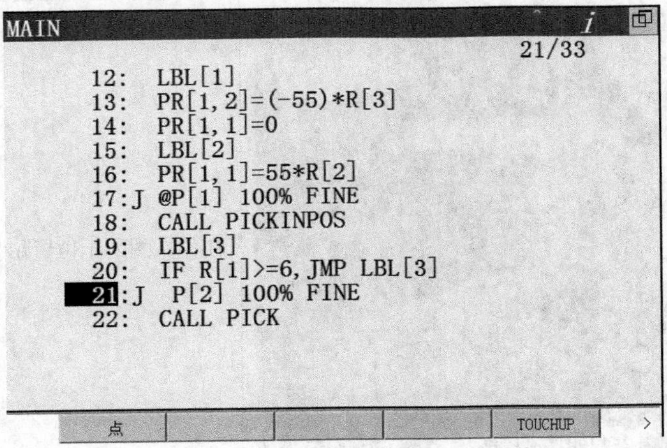 MAIN 21/33 12: LBL[1] 13: PR[1,2]=(-55)*R[3] 14: PR[1,1]=0 15: LBL[2] 16: PR[1,1]=55*R[2] 17:J @P[1] 100% FINE 18: CALL PICKINPOS 19: LBL[3] 20: IF R[1]>=6,JMP LBL[3] 21:J P[2] 100% FINE 22: CALL PICK 点 TOUCHUP >	输入左图中程序

续表

序号	图片示例	操作步骤
| 7 | ```
MAIN                         已暂停    29/33
   23:J @P[1] 100% FINE
   24:J  P[3] 100% FINE Offset,PR[1]
   25:J  P[4] 100% FINE Offset,PR[1]
   26:   CALL PUT
   27:J  P[3] 100% FINE Offset,PR[1]
   28:   R[2]=R[2]+1
   29:   IF R[2]<3,JMP LBL[2]
   30:   R[2]=0
   31:   R[3]=R[3]+1
   32:   IF R[3]<3,JMP LBL[1]
   [End]
``` | 输入左图中程序 |
| 8 | 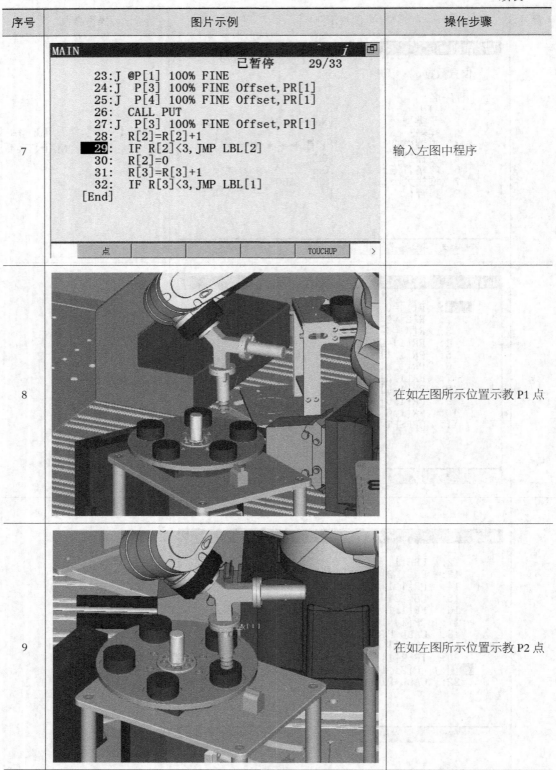 | 在如左图所示位置示教 P1 点 |
| 9 | | 在如左图所示位置示教 P2 点 |
```

续表

序号	图片示例	操作步骤
10	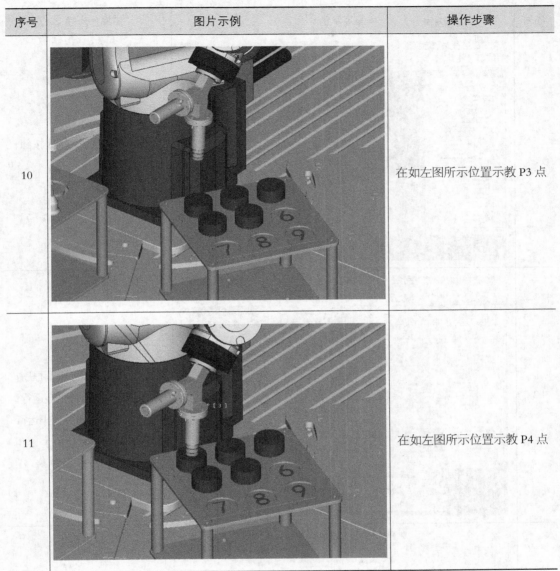	在如左图所示位置示教 P3 点
11		在如左图所示位置示教 P4 点

7.6 仿真程序运行

完成路径创建后,即可进行仿真调试。当所有操作完成,用户可以保存工作站,方便以后随时使用。

7.6.1 运行仿真

运行仿真可以让机器人执行当前程序,沿着示教好的路径移动,在ROBOGUIDE软件中运行仿真的步骤见表7-13。

表 7-13 程序运行步骤

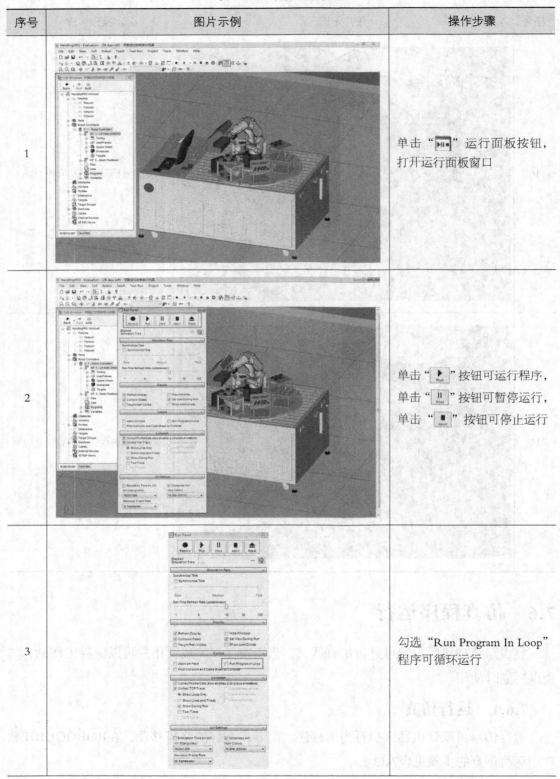

序号	图片示例	操作步骤
1		单击"▶❙"运行面板按钮，打开运行面板窗口
2		单击"Run"按钮可运行程序，单击"Hold"按钮可暂停运行，单击"Abort"按钮可停止运行
3		勾选"Run Program In Loop"程序可循环运行

序号	图片示例	操作步骤
4	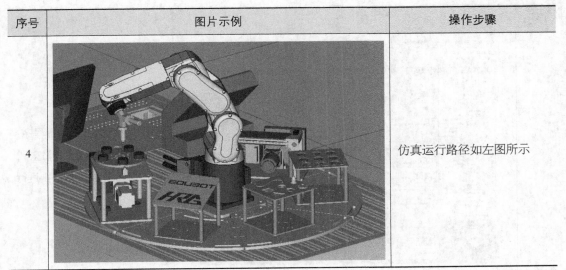	仿真运行路径如左图所示

7.6.2 录制视频

利用ROBOGUIDE软件中的录制功能，可以在程序运行过程中，录制软件视图中的画面，具体操作步骤见表7-14。

表 7-14 录制视频步骤

序号	图片示例	操作步骤
1	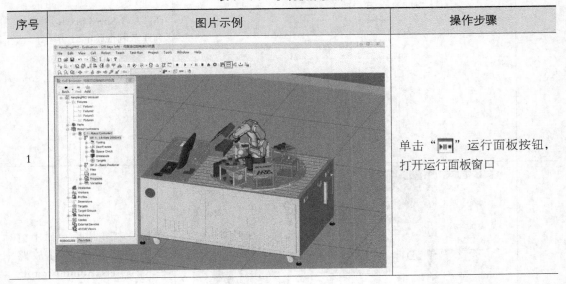	单击" "运行面板按钮，打开运行面板窗口

续表

序号	图片示例	操作步骤
2		单击"▶Run"按钮可运行程序，单击"⏸Hold"按钮可暂停运行，单击"■Abort"按钮可停止运行
3		在"AVI Size（pixels）"中可选择录制视频的分辨率
4		视频录制完成后，弹出窗口中会显示视频存放路径 C:\Users\Administrator\Documents\My Workcells\伺服定位控制实训仿真\AVIs，单击"OK"，关闭窗口

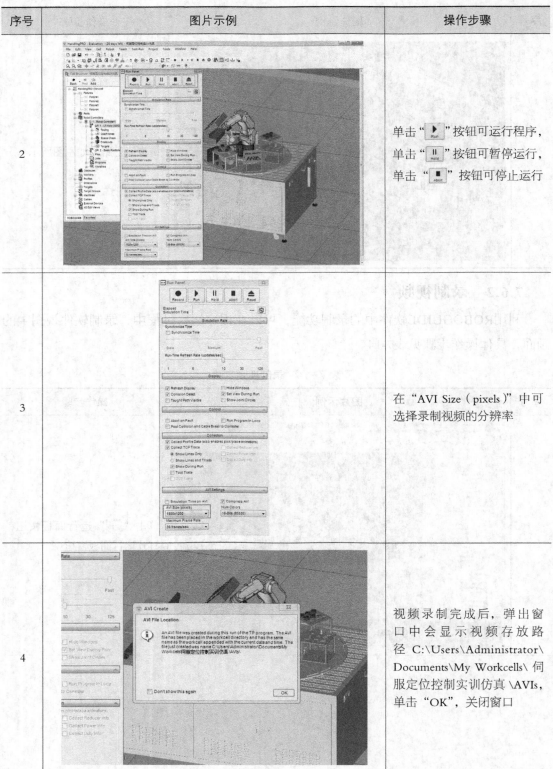

第7章 伺服定位控制实训仿真

续表

序号	图片示例	操作步骤
5		打开上面的路径目录，即可找到所录制的视频文件

7.6.3 保存工作站

工作站的保存文件可以在不同计算机上的ROBOGUIDE软件中打开，以方便用户间的交流。保存工作站的具体步骤见表7-15。

表7-15 保存工作站步骤

序号	图片示例	操作步骤
1		单击菜单栏左上角的"🖫"保存按钮，即可保存整个工作站
2		工作站的默认存放路径为 C:\Users\Administrator\Documents\My Workcells，打开路径后可以看到文件夹"伺服定位控制实训仿真"

序号	图片示例	操作步骤
3	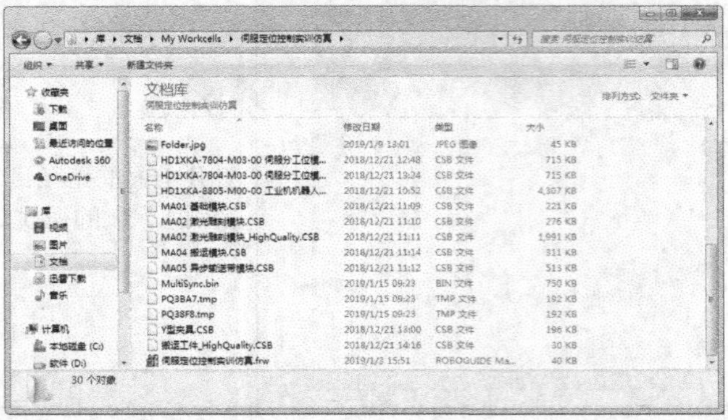	打开"伺服定位控制实训仿真"文件夹后即可看到工作站所有的文件内容都存放在此

本章习题

1. 简述完成伺服定位控制实训仿真的流程。
2. 如何创建动态伺服转盘？
3. 简述如何在示教器中控制动态转盘的旋转。

第8章 离线程序导出运行与验证

本章主要介绍ROBOGUIDE软件离线程序导出功能。将软件编写的离线程序导出到真实机器人中运行，让机器人实现与软件中仿真效果相同的运动过程。要完成本章任务，需要进行创建校准程序、备份校准程序、导入校准程序、验证校准程序4个部分的操作（见图8-1）。

通过本章学习，读者可以掌握以下内容。
- ROBOGUIDE软件校准程序的创建
- 离线程序导出
- 控制器程序导入导出
- 程序校准功能的使用

微课视频

离线程序导出运行与验证

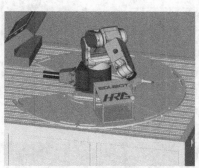

图8-1 离线程序

8.1 创建校准程序

在不改变坐标系的情况下，程序校准可直接计算出虚拟模型与真实物体的偏移量（以机器人世界坐标系为基准），将离线程序的每个记录点的位置进行自动偏移以适应真实的现场。Calibration校准功能是通过在仿真软件中示教3个点（不在同一直线上），在实际环境里示教同样位置的3个点，生成偏移数据。ROBOGUIDE软件通过计算实际与仿真的偏移量，自动对程序和目标模型进行位置修改。创建校准程序步骤见表8-1。

表 8-1　创建校准程序步骤

序号	图片示例	操作步骤
1	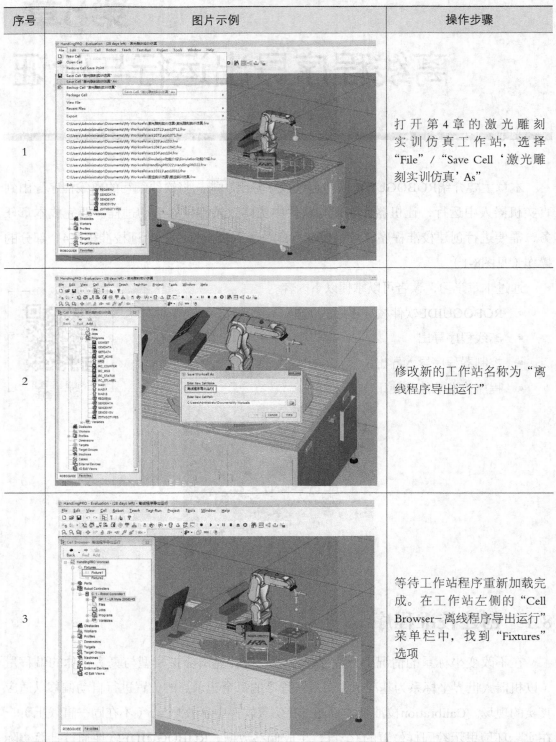	打开第4章的激光雕刻实训仿真工作站，选择"File"/"Save Cell'激光雕刻实训仿真'As"
2		修改新的工作站名称为"离线程序导出运行"
3		等待工作站程序重新加载完成。在工作站左侧的"Cell Browser-离线程序导出运行"菜单栏中，找到"Fixtures"选项

续表

序号	图片示例	操作步骤
4		双击"Fixture1"进入属性设置界面。单击"Calibration"选项
5		选择校准对象为"Part1 offset on Fixture1",找到"Step1",单击其下方的"Create Calibration Program,Teach in 3D World"按钮
6		在弹出窗口中,单击"OK"按钮

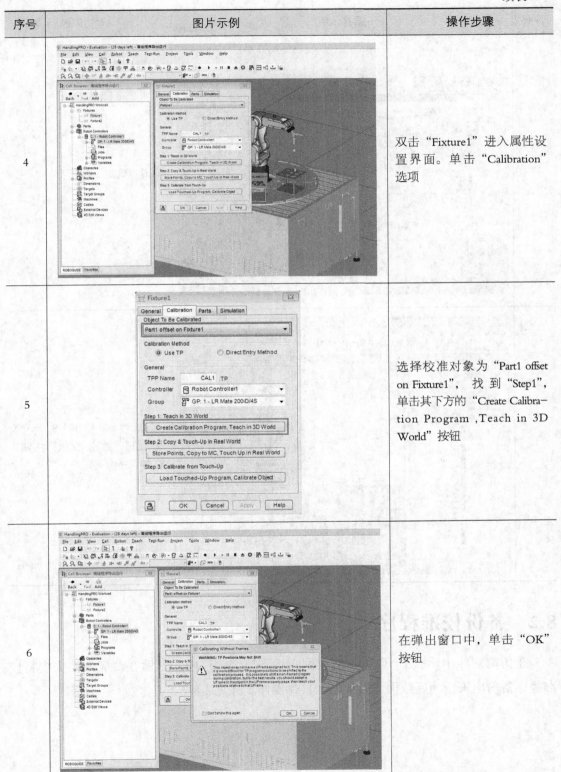

序号	图片示例	操作步骤
7	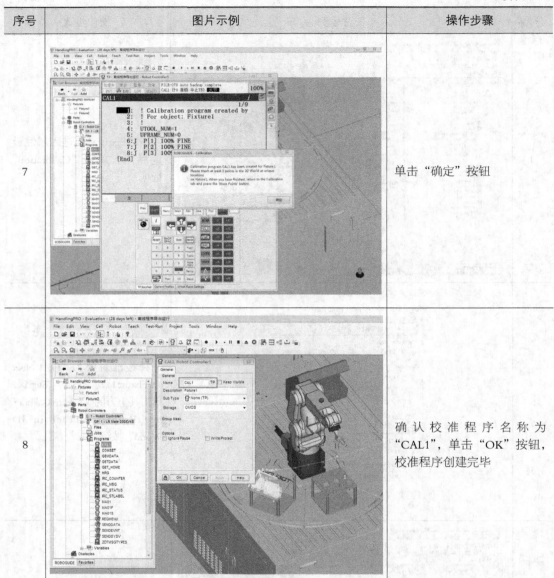	单击"确定"按钮
8		确认校准程序名称为"CAL1",单击"OK"按钮,校准程序创建完毕

8.2 备份校准程序

在仿真软件中示教3个点后,把数据同步到校准程序中。然后在对应文件夹内将校准程序备份出来,为后续操作做准备。具体操作步骤见表8-2。

第8章 离线程序导出运行与验证

表 8-2 备份校准程序步骤

序号	图片示例	操作步骤
1		校准程序创建完成后会自动打开虚拟示教器。在虚拟示教器中打开校准程序"CAL1"。在对应坐标系下,示教 3 个点
2		在左图所示记录位置 P1 点
3		在左图所示记录位置 P2 点

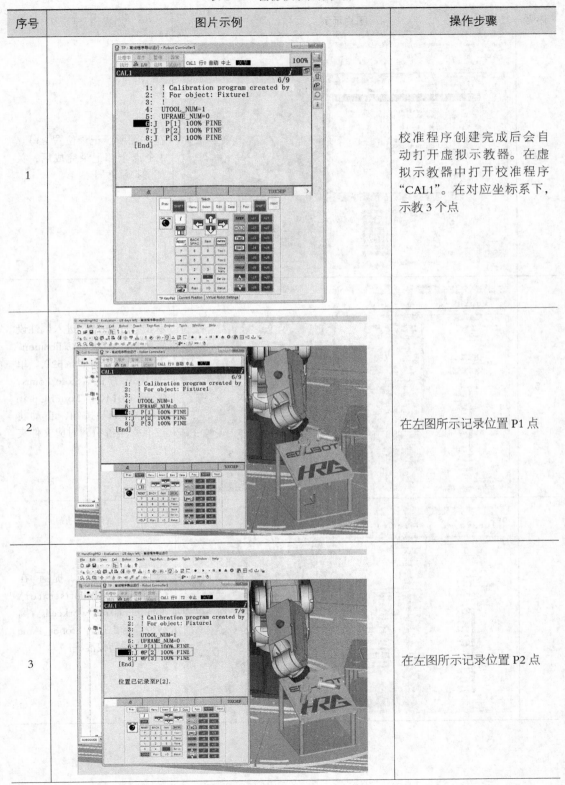

序号	图片示例	操作步骤
4	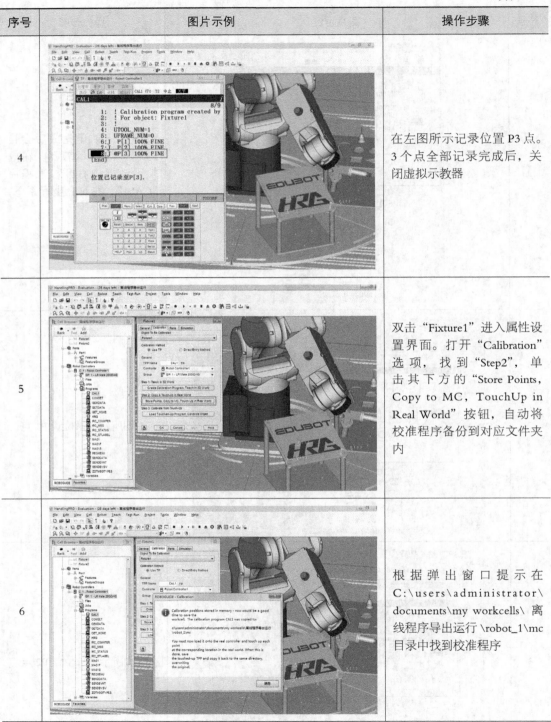	在左图所示记录位置P3点。3个点全部记录完成后，关闭虚拟示教器
5		双击"Fixture1"进入属性设置界面。打开"Calibration"选项，找到"Step2"，单击其下方的"Store Points, Copy to MC, TouchUp in Real World"按钮，自动将校准程序备份到对应文件夹内
6		根据弹出窗口提示在C:\users\administrator\documents\my workcells\离线程序导出运行\robot_1\mc目录中找到校准程序

第8章 离线程序导出运行与验证

续表

序号	图片示例	操作步骤
7	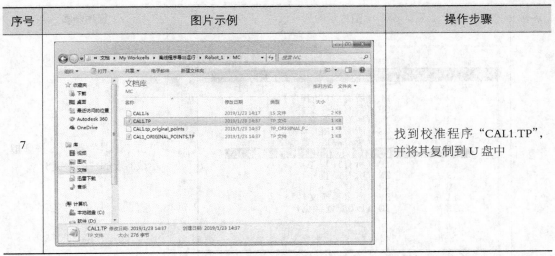	找到校准程序"CAL1.TP",并将其复制到U盘中

8.3 导入校准程序

在真实的机器人上设置同一个工具坐标系和用户坐标系,并在实际环境中相同的3个位置上分别示教更新3个点的位置。具体操作步骤见表8-3。

表 8-3 导入校准程序步骤

序号	图片示例	操作步骤
1		将U盘插入示教器内。按下示教器上的"Menu"菜单键,选择"7 文件",选择"1 文件",按虚拟示教器上的"ENTER"键确认

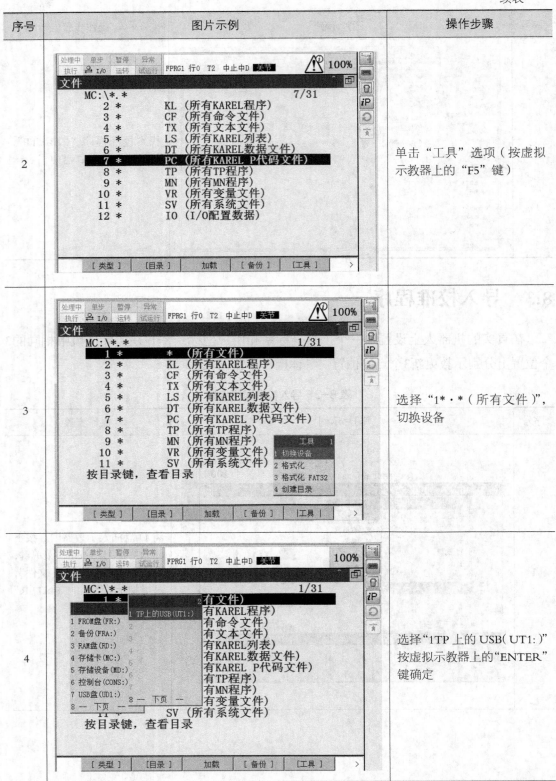

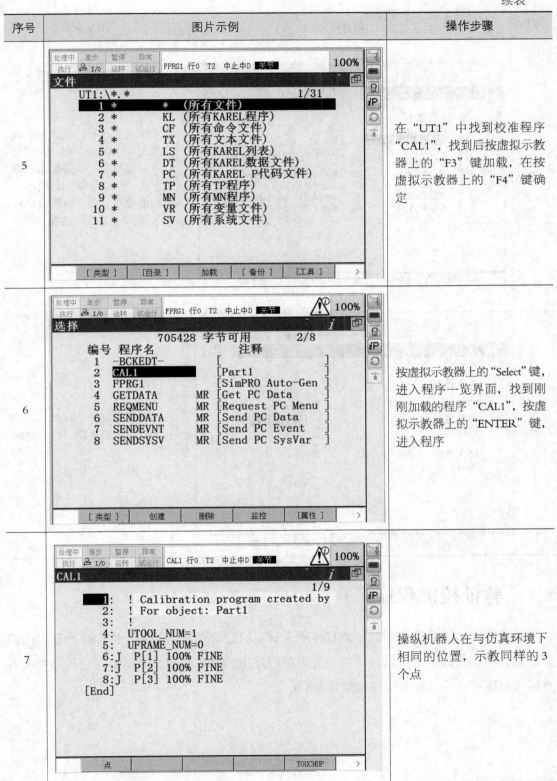

序号	图片示例	操作步骤
8	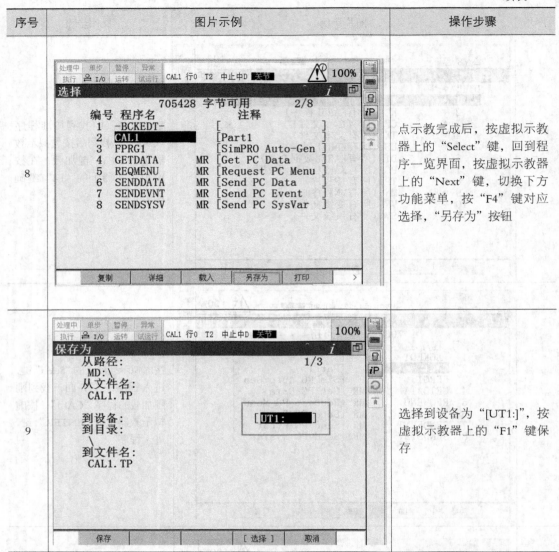	点示教完成后，按虚拟示教器上的"Select"键，回到程序一览界面，按虚拟示教器上的"Next"键，切换下方功能菜单，按"F4"键对应选择，"另存为"按钮
9		选择到设备为"[UT1:]"，按虚拟示教器上的"F1"键保存

8.4 验证校准程序

将机器人中修改数据后的校准程序放入计算机原文件夹内。通过软件自动计算出偏移数据，将偏移数据应用到软件的激光雕刻程序里，然后将激光雕刻程序导入真实设备直接运行即可，验证校准程序步骤见表8-4。

第8章 离线程序导出运行与验证

表 8-4 验证校准程序步骤

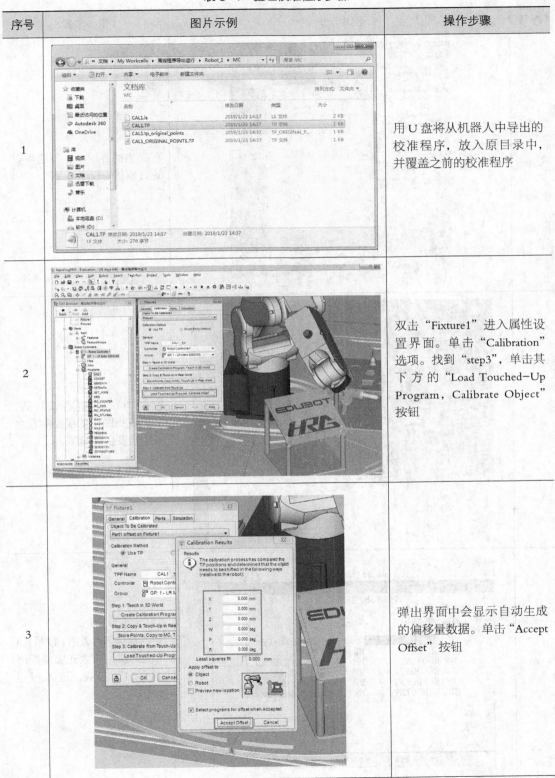

序号	图片示例	操作步骤
1		用 U 盘将从机器人中导出的校准程序，放入原目录中，并覆盖之前的校准程序
2		双击"Fixture1"进入属性设置界面。单击"Calibration"选项。找到"step3"，单击其下方的"Load Touched-Up Program，Calibrate Object"按钮
3		弹出界面中会显示自动生成的偏移量数据。单击"Accept Offset"按钮

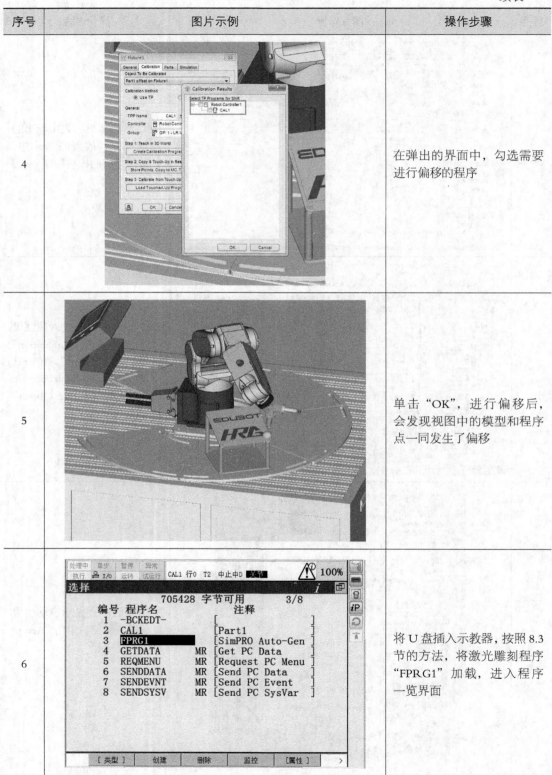

序号	图片示例	操作步骤
4		在弹出的界面中，勾选需要进行偏移的程序
5		单击"OK"，进行偏移后，会发现视图中的模型和程序点一同发生了偏移
6		将U盘插入示教器，按照8.3节的方法，将激光雕刻程序"FPRG1"加载，进入程序一览界面

续表

序号	图片示例	操作步骤
7		直接运行程序即可

本章习题

1. 简述离线程序导出运行的流程。
2. 如何创建校准程序?
3. 如何将程序导入示教器?

参考文献

[1] 张明文.工业机器人技术基础及应用[M].哈尔滨：哈尔滨工业大学出版社，2017.

[2] 张明文.工业机器人入门实用教程（FANUC机器人）[M].哈尔滨：哈尔滨工业大学出版社，2017.

[3] 张明文.工业机器人离线编程[M].武汉：华中科技大学出版社，2017.

[4] 陈南江，郭炳宇，林燕文.工业机器人离线编程与仿真（ROBOGUIDE）[M].北京：人民邮电出版社，2018.

[5] 左立浩，徐忠想，康亚鹏.工业机器人虚拟仿真应用教程[M].北京：机械工业出版社，2018.

教学课件下载步骤

步骤一

登录"工业机器人教育网"
www.irobot-edu.com，菜单栏单击【学院】

步骤二

单击菜单栏【在线学堂】下方找到您需要的课程

步骤三

课程内视频下方单击【课件下载】

咨询与反馈

尊敬的读者：

感谢您选用我们的教材！

本书有丰富的配套教学资源，凡使用本书作为教材的教师可咨询有关实训装备事宜。在使用过程中，如有任何疑问或建议，可通过邮件（edubot@hitrobotgroup.com）或扫描右侧二维码，在线提交咨询信息，反馈建议或索取数字资源。

（教学资源建议反馈表）

全国服务热线：400-6688-955

先进制造业互动教学平台
——海渡学院APP

40+专业教材　70+知识产权
3500+配套视频

一键下载　收入口袋

源自哈尔滨工业大学　行业最专业知识结构模型

活动
免费领积分

下载"海渡学院APP",进入"学问"—"圈子",晒出您与本书的合影或学习心得,即可领取超额积分。

积分 ⇄ 免费
→ 看专家直播课
→ 兑换实体书籍
→ 每月专属活动

工业机器人应用人才培养丛书书目

ISBN
978-7-5603-6654-8

ISBN
978-7-111-60142-5

ISBN
978-7-5603-6626-5

ISBN
978-7-5680-3262-9

ISBN
978-7-5603-6655-5

ISBN
978-7-5603-7528-1

ISBN
978-7-5603-7534-2

ISBN
978-7-1223-3551-7

ISBN
978-7-5603-6957-9

ISBN
978-7-5603-7023-1

ISBN
978-7-5680-3509-5

ISBN
978-7-5680-4306-9

ISBN
978-7-5680-3263-6

ISBN
978-7-5603-6832-0

ISBN
978-7-5603-7317-1